力学丛书·典藏版 8

多自由度结构固有振动理论

胡 海 昌 著

科 学 出 版 社

1 9 8 7

内 容 简 介

本书系统论述了多自由度结构固有振动理论中近年来发展较快、应用较广的四个方面．内容包括：（1）小参数法和局部修改法；（2）本征值的包含定理和计数定理；（3）动态子结构法；（4）链式结构和迴转对称结构分析法．

本书可供从事固体力学、结构振动工作的科学研究人员、工程技术人员、高等院校教师及研究生阅读、参考．

图书在版编目（CIP）数据

多自由度结构固有振动理论／胡海昌著．—北京：科学出版社，2016.1
（力学丛书）
ISBN 978-7-03-046897-0
I. ①多…　II. ①胡…　III. ①多自由度系统—固有频率—振动理论—研究　IV. ①O325

中国版本图书馆 CIP 数据核字（2016）第 004463 号

力 学 丛 书
多自由度结构固有振动理论
胡 海 昌 著
责任编辑　李成香
科 学 出 版 社 出 版
北京东黄城根北街 16 号
北京京华虎彩印刷有限公司印刷
新华书店北京发行所发行　各地新华书店经售
*
1987 年第一版　　开本：850×1168　1/32
2016 年印刷　　印张：4 1/2
字数：113,000

定　价：48.00元

《力学丛书》编委会

序　言

结构和机械的振动问题是宇航、交通、机械、土建、水利等工业部门经常遇到的问题. 随着产品的更新换代和对提高经济效益的重视,振动问题愈来愈受到广泛的关注. 可以说,当前在我国力学界和部分工程技术人员中正在形成一个学习、研究和应用振动技术和理论的热潮. 相应地,近年来出版了几本我国学者自编自写的振动专著,国外有关的名著也大都有了中译本.

本书不再对结构振动作全面的叙述,而着重介绍四个专题,因此可以说本书是一个"小四色拼盘". 这四个专题在理论上和实用上都有重要意义,但是有关的资料目前仍大都散见于各种原始文献. 本书将其中比较重要的一些成果归纳整理各成一章,由于这几方面的文献甚多,我只能在力所能及的范围内做些整理和发展工作.

本书按理论上从易到难排顺序,即"小参数法和局部修改法","本征值的包含定理和计数定理","动态子结构法"和"链式结构和迴转对称结构". 在将这些成果应用于处理实际问题时,需改变一下上述顺序. 即给定一个结构后,最好先看看是否有对称性,如有对称性就利用对称性把原有问题分解为一系列的小问题. 其次考虑一下是否可用小参数法或局部修改法求解,能用就用,不能用再考虑选择一种子结构法. 至于本征值的包含定理和计数定理常作为迭代法的一种补充手段,或在得到近似解后再用它们去估计本征值的误差.

本书缺点和错误在所难免,欢迎读者指正.

胡海昌

1986年10月

目　　录

第一章　预 备 知 识

§1.1　本征值的变分式

考虑线性结构的固有振动问题．设结构已按某种方式离散化了．因此这里我们只考虑有限个（N 个）自由度的系统．命 $\boldsymbol{x}$ 是由全部广义坐标组成的列阵，$\boldsymbol{K}$ 和 $\boldsymbol{M}$ 为与 $\boldsymbol{x}$ 相应的刚度矩阵和质量矩阵．命 ω 是频率．为了以后书写方便起见，再命

$$\lambda = \omega^2. \tag{1.1.1}$$

λ 称为频率参数．这样，在忽略机械能的损耗后，固有振动的方程可写成为

$$\boldsymbol{Kx} - \lambda\boldsymbol{Mx} = \boldsymbol{0}. \tag{1.1.2}$$

这里 $\boldsymbol{x}$ 代表振幅．在振动过程中，结构中贮存的应变能（势能）和动能不断互相转化．应变能的幅值 Π 和动能的幅值 E 分别为

$$\Pi = \frac{1}{2}\boldsymbol{x}^T\boldsymbol{Kx}, \tag{1.1.3}$$

$$E = \frac{1}{2}\lambda\boldsymbol{x}^T\boldsymbol{Mx}. \tag{1.1.4}$$

在作分析计算时，比 E 更重要的一个量是

$$T = \frac{1}{2}\boldsymbol{x}^T\boldsymbol{Mx}. \tag{1.1.5}$$

T 称为动能系数．

如果所考虑的结构没有刚体和机构自由度（以下简称刚体自由度），那末对应于任一非零位移 $\boldsymbol{x}$ 都有

$$\boldsymbol{x}^T\boldsymbol{Kx} > 0.$$

这时的刚度矩阵 $\boldsymbol{K}$ 是正定的．如果该结构有刚体位移 $\boldsymbol{x} = \boldsymbol{\varphi}_0$（$\boldsymbol{\varphi}_0$ 可能是不止一列的高矩阵），那末

$$\boldsymbol{K\varphi}_0 = \boldsymbol{0}, \text{ 因而 } \boldsymbol{\varphi}_0^T\boldsymbol{K\varphi}_0 = 0.$$

这时 $\boldsymbol{K}$ 是半正定的．与刚体位移相应的本征值是 $\lambda = 0$.

对于许多结构，有了振动必然会有动能，即对于任意的非零 $\boldsymbol{x}$ 都有

$$\boldsymbol{x}^T\boldsymbol{Mx} > 0.$$

这时质量矩阵 $\boldsymbol{M}$ 是正定的．不过，有些结构的有些自由度可能没有质量[1)]，这时就存在非零的位移 $\boldsymbol{x} = \boldsymbol{\varphi}_\infty$（$\boldsymbol{\varphi}_\infty$ 可能是不止一列的高矩阵)，能使

$$\boldsymbol{M\varphi}_\infty = \boldsymbol{0}, \text{ 因而 } \boldsymbol{\varphi}_\infty^T\boldsymbol{M\varphi}_\infty = 0.$$

这些没有质量的自由度可以叫做纯静态自由度．对于工程结构而言，刚体位移 $\boldsymbol{\varphi}_0$ 和纯静态位移 $\boldsymbol{\varphi}_\infty$ 决不重合，所以后面的讨论，如无特殊说明，恒假定矩阵束 $(\boldsymbol{K}, \boldsymbol{M})$ 不仅是非负的，并且是确定的，即对于任意的 $\boldsymbol{x}$ 都有

$$\boldsymbol{x}^T\boldsymbol{Kx} \geqslant 0, \ \boldsymbol{x}^T\boldsymbol{Mx} \geqslant 0, \tag{1.1.6}$$

而如果

$$\boldsymbol{x}^T\boldsymbol{Kx} = 0, \text{ 同时 } \boldsymbol{x}^T\boldsymbol{Mx} = 0, \tag{1.1.7a}$$

那末必有

$$\boldsymbol{x} = 0. \tag{1.1.7b}$$

对于这类系统，本征值是离散的，并且是非负的．

忽略机械能的损耗之后，机械能便守恒了．这样便有

$$\lambda = \frac{\boldsymbol{x}^T\boldsymbol{Kx}}{\boldsymbol{x}^T\boldsymbol{Mx}}. \tag{1.1.8}$$

此式的右端称为瑞利商．当 $\boldsymbol{x}$ 为某一固有振型的精确解时，瑞利商给出相应的本征值．

从 (1.1.8) 式出发可得到本征值的变分式

$$\lambda = \underset{\boldsymbol{x}}{\mathrm{st}} \frac{\boldsymbol{x}^T\boldsymbol{Kx}}{\boldsymbol{x}^T\boldsymbol{Mx}}, \tag{1.1.9}$$

1）在有限单元法中，用分项插入法求得的非一致质量矩阵常常存在无质量的广义位移，即使在弹簧质点系统中，如果在弹簧中间设一结点，那末此结点也无质量．

而对于最小的本征值 $\lambda_{\min}$ 和最大的本征值 $\lambda_{\max}$ 分别有

$$\lambda_{\min}=\min_{x}\frac{\boldsymbol{x}^T\boldsymbol{K}\boldsymbol{x}}{\boldsymbol{x}^T\boldsymbol{M}\boldsymbol{x}},\quad \lambda_{\max}=\max_{x}\frac{\boldsymbol{x}^T\boldsymbol{K}\boldsymbol{x}}{\boldsymbol{x}^T\boldsymbol{M}\boldsymbol{x}}. \tag{1.1.10}$$

事实上 (1.1.9) 式取驻值的充要条件是

$$\delta\boldsymbol{x}^T(\boldsymbol{K}\boldsymbol{x}-\lambda\boldsymbol{M}\boldsymbol{x})=\boldsymbol{0}.$$

由此可见代数本征值问题(1.1.2)与瑞利商的驻值问题(1.1.9)完全等价. 但是在求近似解和推导一般性的定理时，从变分式 (1.1.9) 出发常常比从代数方程出发方便得多.

如果 $\boldsymbol{x}$ 是某一本征列阵的近似解，那末将此 $\boldsymbol{x}$ 代入 (1.1.8)便得到相应的近似的本征值. 这种求近似的本征值的方法叫做瑞利法. 本征值既然是瑞利商的驻值，那末当所设的 $\boldsymbol{x}$ 有一阶小量的误差时，由瑞利商得到的近似的本征值就只有二阶小量的误差了. 事实上如果命 λ, $\boldsymbol{\varphi}$ 为一对精确的本征解，

$$\boldsymbol{x}=\boldsymbol{\varphi}+\delta\boldsymbol{\varphi}$$

为一近似解，其中 $\delta\boldsymbol{\varphi}$ 为一小量，那末瑞利商给出

$$\begin{aligned}\lambda_R&=\frac{(\boldsymbol{\varphi}+\delta\boldsymbol{\varphi})^T\boldsymbol{K}(\boldsymbol{\varphi}+\delta\boldsymbol{\varphi})}{(\boldsymbol{\varphi}+\delta\boldsymbol{\varphi})^T\boldsymbol{M}(\boldsymbol{\varphi}+\delta\boldsymbol{\varphi})}\\&=\frac{\boldsymbol{\varphi}^T\boldsymbol{K}\boldsymbol{\varphi}+2\delta\boldsymbol{\varphi}^T\boldsymbol{K}\boldsymbol{\varphi}+\delta\boldsymbol{\varphi}^T\boldsymbol{K}\delta\boldsymbol{\varphi}}{\boldsymbol{\varphi}^T\boldsymbol{M}\boldsymbol{\varphi}+2\delta\boldsymbol{\varphi}^T\boldsymbol{M}\boldsymbol{\varphi}+\delta\boldsymbol{\varphi}^T\boldsymbol{M}\delta\boldsymbol{\varphi}}\\&=\frac{\lambda\boldsymbol{\varphi}^T\boldsymbol{M}\boldsymbol{\varphi}+2\lambda\delta\boldsymbol{\varphi}^T\boldsymbol{M}\boldsymbol{\varphi}+\delta\boldsymbol{\varphi}^T\boldsymbol{K}\delta\boldsymbol{\varphi}}{\boldsymbol{\varphi}^T\boldsymbol{M}\boldsymbol{\varphi}+2\delta\boldsymbol{\varphi}^T\boldsymbol{M}\boldsymbol{\varphi}+\delta\boldsymbol{\varphi}^T\boldsymbol{M}\delta\boldsymbol{\varphi}}\\&=\frac{\lambda+\dfrac{\delta\boldsymbol{\varphi}^T\boldsymbol{K}\delta\boldsymbol{\varphi}}{\boldsymbol{\varphi}^T\boldsymbol{M}\boldsymbol{\varphi}+2\delta\boldsymbol{\varphi}^T\boldsymbol{M}\boldsymbol{\varphi}}}{1+\dfrac{\delta\boldsymbol{\varphi}^T\boldsymbol{M}\delta\boldsymbol{\varphi}}{\boldsymbol{\varphi}^T\boldsymbol{M}\boldsymbol{\varphi}+2\delta\boldsymbol{\varphi}^T\boldsymbol{M}\boldsymbol{\varphi}}}.\end{aligned} \tag{1.1.11}$$

瑞利商对本征列阵误差的不敏感性，正是用瑞利 (里兹) 法求本征值常常能得到满意结果的根本原因.

在近似计算中更常用的方法是里兹法. 在里兹法中，先把待求的本征列阵近似地表示为

$$\boldsymbol{x}=\boldsymbol{\Phi}_1y_1+\boldsymbol{\Phi}_2y_2+\cdots+\boldsymbol{\Phi}_ny_n=\boldsymbol{\Phi}y, \tag{1.1.12}$$

其中

$$\boldsymbol{\Phi} = [\Phi_1, \Phi_2, \cdots, \Phi_n],$$
$$y = [y_1, y_2, \cdots, y_n]^T, \tag{1.1.13}$$

而 $\boldsymbol{\Phi}_i$ 是 n 个(n 常远小于 N)适当选定的列阵，y_i 是 n 个待定的常数．将 (1.1.12) 式代入变分式 (1.1.9)，得到

$$\lambda = \underset{y}{\mathrm{st}} \frac{\boldsymbol{y}^T\boldsymbol{A}\boldsymbol{y}}{\boldsymbol{y}^T\boldsymbol{B}\boldsymbol{y}}, \tag{1.1.14}$$

其中

$$\boldsymbol{A} = \boldsymbol{\Phi}^T\boldsymbol{K}\boldsymbol{\Phi},\ \boldsymbol{B} = \boldsymbol{\Phi}^T\boldsymbol{M}\boldsymbol{\Phi}. \tag{1.1.15}$$

将变分式 (1.1.14) 转换成代数方程，得到

$$\boldsymbol{A}\boldsymbol{y} - \lambda\boldsymbol{B}\boldsymbol{y} = \boldsymbol{0}. \tag{1.1.16}$$

这样在应用里兹法后，人们可以把原来维数 (N) 较高的问题近似地简化为维数 (n) 较低的问题．矩阵 $\boldsymbol{A}$ 和 $\boldsymbol{B}$ 是用里兹法降维后得到的刚度矩阵和质量矩阵，以后分别简称为里兹减缩刚度矩阵和里兹减缩质量矩阵．如果 $n = N$，那末公式 (1.12)—(1.16) 便是坐标转换公式．

本征列阵的正交性是一个很重要的特性．这个特性通常是从代数方程 (1.1.2) 推导出来的．从变分式 (1.1.9) 推导正交关系相当方便，并且便于推广到连续系统的情况去(例如见文献 [1] §2.18)．命 $(\lambda_i, \boldsymbol{\varphi}_i)$ 和 $(\lambda_j, \boldsymbol{\varphi}_j)$ 为两组本征解：

$$\boldsymbol{K}\boldsymbol{\varphi}_l - \lambda_l\boldsymbol{M}\boldsymbol{\varphi}_l = \boldsymbol{0},\ l = i, j. \tag{1.1.17}$$

因而有

$$\lambda_l = \frac{\boldsymbol{\varphi}_l^T\boldsymbol{K}\boldsymbol{\varphi}_l}{\boldsymbol{\varphi}_l^T\boldsymbol{M}\boldsymbol{\varphi}_l},\ l = i, j. \tag{1.1.18}$$

现在取

$$\boldsymbol{x} = \alpha\boldsymbol{\varphi}_i + \beta\boldsymbol{\varphi}_j, \tag{1.1.19}$$

而用里兹法来求本征值，将 (1.1.19) 式代入 (1.1.9) 式，得到

$$\lambda = \underset{\alpha,\beta}{\mathrm{st}} \frac{{}_iK_i\alpha^2 + 2{}_iK_j\alpha\beta + {}_jK_j\beta^2}{{}_iM_i\alpha^2 + 2{}_iM_j\alpha\beta + {}_jM_j\beta^2}, \tag{1.1.20}$$

其中

$${}_lK_m = \boldsymbol{\varphi}_l^T\boldsymbol{K}\boldsymbol{\varphi}_m,\ {}_lM_m = \boldsymbol{\varphi}_l^T\boldsymbol{M}\boldsymbol{\varphi}_m,\ l, m = i, j. \tag{1.1.21}$$

将 (1.1.20) 式化为代数方程，得到

$$\begin{aligned} {}_iK_i\alpha + {}_iK_j\beta - \lambda({}_iM_i\alpha + {}_iM_j\beta) = 0, \\ {}_iK_j\alpha + {}_jK_j\beta - \lambda({}_iM_j\alpha + {}_jM_j\beta) = 0. \end{aligned} \tag{1.1.22}$$

根据题设，

$$\lambda = \lambda_i,\ \alpha = 1,\ \beta = 0;$$
$$\lambda = \lambda_j,\ \alpha = 0,\ \beta = 1$$

是方程 (1.1.22) 的两组解，即

$$\begin{aligned} {}_iK_i - \lambda_{ii}M_i = 0,\ {}_iK_j - \lambda_{ii}M_j = 0, \\ {}_jK_j - \lambda_{jj}M_j = 0,\ {}_iK_j - \lambda_{ji}M_j = 0. \end{aligned} \tag{1.1.23}$$

由此可知，如果 $\lambda_i \neq \lambda_j$，那末必有

$${}_iK_j = 0,\ {}_iM_j = 0, \tag{1.1.24a}$$

即

$$\boldsymbol{\varphi}_i^T\boldsymbol{K}\boldsymbol{\varphi}_j = 0,\ \boldsymbol{\varphi}_i^T\boldsymbol{M}\boldsymbol{\varphi}_j = 0. \tag{1.1.24b}$$

如果某本征值 λ 是特征方程的 m 重根，那末齐次方程 (1.1.2) 便有 m 个独立的解．设它们是

$$\boldsymbol{x} = [\boldsymbol{\phi}_1, \boldsymbol{\phi}_2, \cdots \boldsymbol{\phi}_m] = \boldsymbol{\phi}. \tag{1.1.25}$$

$\boldsymbol{\phi}$ 张成的空间是与 λ 对应的本征空间．一般说来，$\boldsymbol{\phi}$ 中的各列并不一定正交．不过在这种情况下只要 $\boldsymbol{\alpha}$ 是一个 $m\times m$ 阶的非奇异矩阵，

$$\boldsymbol{\varphi} = \boldsymbol{\phi}\boldsymbol{\alpha} \tag{1.1.26}$$

仍然张成与 $\boldsymbol{\phi}$ 相同的本征空间．适当地选取 $\boldsymbol{\alpha}$ 我们总能够使

$$\boldsymbol{\varphi}^T\boldsymbol{K}\boldsymbol{\varphi} = \text{对角阵},\ \boldsymbol{\varphi}^T\boldsymbol{M}\boldsymbol{\varphi} = \text{对角阵}. \tag{1.1.27}$$

这样 $\boldsymbol{\varphi}$ 中的各列便构成本征空间中的正交基．正交基显然不止一组[1]．

下面再证明一下，任何一个本征列阵（或空间）$\boldsymbol{\varphi}_i$ 都与纯静态位移 $\boldsymbol{\varphi}_\infty$ 正交．这是因为

$$\boldsymbol{K}\boldsymbol{\varphi}_i - \lambda_i\boldsymbol{M}\boldsymbol{\varphi}_i = \boldsymbol{0},$$

所以有

1）在文献［6］中提到了本征空间正交基的存在和求法的一些历史文献．

$$\boldsymbol{\varphi}_i^T \boldsymbol{K} \boldsymbol{\varphi}_\infty = \lambda_i \boldsymbol{\varphi}_i^T \boldsymbol{M} \boldsymbol{\varphi}_\infty = 0. \tag{1.1.28}$$

对于任取的一组独立的纯静态位移，其中的各列也未必正交．但和重根的情况类似，通过适当的矩阵变换，我们能够使 $\boldsymbol{\varphi}_\infty$ 中的各列正交，即

$$\boldsymbol{\varphi}_\infty^T \boldsymbol{K} \boldsymbol{\varphi}_\infty = \text{对角阵}, \quad \boldsymbol{\varphi}_\infty^T \boldsymbol{M} \boldsymbol{\varphi}_\infty = 0. \tag{1.1.29}$$

这样 $\boldsymbol{\varphi}_\infty$ 中的各列便构成纯静态位移空间中的一组正交基．这样的正交基也不止一组．

到这里我们介绍了本征列阵、本征空间中的正交基和纯静态位移空间中的正交基等三种列阵．现在约定一个统一的记法．本征列阵和本征空间中的正交基列阵一概记为 $\boldsymbol{\varphi}_i$，与 $\boldsymbol{\varphi}_i$ 对应的本征值记为 λ_i．下标 i 从 1 开始编号，并按 λ_i 从小到大的顺序排列，即

$$\lambda_1 \leqslant \lambda_2 \leqslant \lambda_3 \cdots \leqslant \lambda_u. \tag{1.1.30}$$

同一本征空间中的两个基列阵 $\boldsymbol{\varphi}_i$ 和 $\boldsymbol{\varphi}_j$ 对应于相等的本征值 $\lambda_i = \lambda_j$，它们的先后顺序可任意排定．纯静态位移空间中的一组正交基记为 $\boldsymbol{\varphi}_\infty$，其中的各列记为 $\boldsymbol{\varphi}_\infty^1, \boldsymbol{\varphi}_\infty^2, \cdots, \boldsymbol{\varphi}_\infty^{(N-u)}$，即

$$\boldsymbol{\varphi}_\infty = [\boldsymbol{\varphi}_\infty^1, \boldsymbol{\varphi}_\infty^2, \cdots, \boldsymbol{\varphi}_\infty^{(N-u)}]. \tag{1.1.31}$$

下面再约定一个归一准则．对于 $\boldsymbol{\varphi}_i (i \neq \infty$，以下同)，一概按动能系数归一，于是有

$$\boldsymbol{\varphi}_i^T \boldsymbol{K} \boldsymbol{\varphi}_i = \lambda_i, \quad \boldsymbol{\varphi}_i^T \boldsymbol{M} \boldsymbol{\varphi}_i = 1. \tag{1.1.32}$$

对于纯静态位移 $\boldsymbol{\varphi}_\infty$，由于没有动能，只能按应变能归一，于是有

$$\boldsymbol{\varphi}_\infty^T \boldsymbol{K} \boldsymbol{\varphi}_\infty = \boldsymbol{I}, \quad \boldsymbol{\varphi}_\infty^T \boldsymbol{M} \boldsymbol{\varphi}_\infty = \boldsymbol{0}. \tag{1.1.33}$$

其中 $\boldsymbol{I}$ 为单位矩阵．这样 $\boldsymbol{\varphi}_1, \boldsymbol{\varphi}_2, \cdots, \boldsymbol{\varphi}_u, \boldsymbol{\varphi}_\infty$ 便构成一组完备的正交双归一基[1)]．由这个基构成的矩阵

$$\boldsymbol{\Phi} = [\boldsymbol{\varphi}_1, \boldsymbol{\varphi}_2, \cdots, \boldsymbol{\varphi}_u, \boldsymbol{\varphi}_\infty] \tag{1.1.34}$$

称为(广义)振型矩阵，又称正则模态矩阵．振型矩阵能同时使 $\boldsymbol{K}$ 和 $\boldsymbol{M}$ 对角化

$$\boldsymbol{\Phi}^T \boldsymbol{K} \boldsymbol{\Phi} = \operatorname{diag}[\lambda_1, \lambda_2, \cdots, \lambda_u, 1, \cdots, 1], \tag{1.1.35a}$$

1) 双归一是指 $\boldsymbol{\varphi}_i$ 按动能归一，$\boldsymbol{\varphi}_\infty$ 按应变能归一．

$$\boldsymbol{\Phi}^T\boldsymbol{M}\boldsymbol{\Phi} = \mathrm{diag}\,[\underbrace{1, 1, \cdots, 1}_{u\text{个}}, \underbrace{0, \cdots, 0}_{(N-u)\text{个}}], \tag{1.1.35b}$$

此外，任意一个列阵 $\boldsymbol{x}$ 都可以按正交基 $\boldsymbol{\Phi}$ 展开

$$\boldsymbol{x} = \boldsymbol{\Phi}\boldsymbol{\xi} = \boldsymbol{\varphi}_1\xi_1 + \boldsymbol{\varphi}_2\xi_2 + \cdots + \boldsymbol{\varphi}_u\xi_u + \boldsymbol{\varphi}_\infty\xi_\infty \tag{1.1.36}$$

系数 $\boldsymbol{\xi}$ 可按下式决定

$$\xi_i = \boldsymbol{\varphi}_i^T\boldsymbol{M}\boldsymbol{x}, \quad i = 1, \cdots, u, \tag{1.1.37a}$$

$$\xi_\infty = \boldsymbol{\varphi}_\infty^T\boldsymbol{K}\boldsymbol{x}. \tag{1.1.37b}$$

应变能和动能系数是坐标列阵 $\boldsymbol{x}$ 的二次函数，因此一般说来叠加原理不适用. 但如果把 $\boldsymbol{x}$ 表示为正交双归一基的线性组合，如 (1.1.36) 式，那末应变能和动能系数便可叠加，即

$$\boldsymbol{x}^T\boldsymbol{K}\boldsymbol{x} = \sum_{i=1}^{u} \lambda_i\xi_i^2 + \xi_\infty^T\xi_\infty, \tag{1.1.38a}$$

$$\boldsymbol{x}^T\boldsymbol{M}\boldsymbol{x} = \sum_{i=1}^{u} \xi_i^2. \tag{1.1.38b}$$

正是由于应变能和动能系数的可叠加性，才使得对正交双归一基的展开式 (1.1.36) 在许多问题中显得特别有用.

§ 1.2　简谐载荷作用下的强迫振动

考虑多自由度系统在简谐载荷作用下的强迫振动问题. 命外载荷为 $\boldsymbol{f}e^{i\omega t}$，响应为 $\boldsymbol{x}e^{i\omega t}$. 振幅 $\boldsymbol{x}$ 满足下列代数方程

$$(\boldsymbol{K} - \lambda\boldsymbol{M})\boldsymbol{x} = \boldsymbol{f}, \ (\lambda = \omega^2). \tag{1.2.1}$$

由此立即得到形式解

$$\boldsymbol{x} = \boldsymbol{R}(\lambda)\boldsymbol{f}, \tag{1.2.2}$$

其中

$$\boldsymbol{R}(\lambda) = (\boldsymbol{K} - \lambda\boldsymbol{M})^{-1}. \tag{1.2.3}$$

矩阵 $(\boldsymbol{K} - \lambda\boldsymbol{M})$ 有时叫做动刚度矩阵，矩阵 $\boldsymbol{R}(\lambda)$ 是动影响系数矩阵，$\boldsymbol{R}$ 中的元 R_{ij} 是编号为 j 的单位力所产生的编号为 i 的位移. $\boldsymbol{R}(\lambda)$ 又叫做动柔度矩阵. 在数学上 $\boldsymbol{R}(\lambda)$ 叫做预解式.

如果我们的问题是只要计算少数几个 λ 值时的响应，那末通常用解联立方程的办法或用求逆矩阵的办法便可以了．但如果我们需要分析计算 λ 对 $\boldsymbol{x}$ 的影响，那末对许多个 λ 值分别进行计算就不胜其繁了．这时需要把 $\boldsymbol{R}(\lambda)$ 表示成便于计算的函数式．这样的函数式是

$$\boldsymbol{R}(\lambda)=\sum_{i=1}^{u}\frac{\boldsymbol{\varphi}_i\boldsymbol{\varphi}_i^T}{\lambda_i-\lambda}+\boldsymbol{\varphi}_\infty\boldsymbol{\varphi}_\infty^T. \tag{1.2.4}$$

这个公式可利用振型矩阵 $\boldsymbol{\Phi}$ 的特性 (1.1.35) 证明如下．先用 $\boldsymbol{\Phi}^T(\quad)\boldsymbol{\Phi}$ 夹乘

$$\boldsymbol{R}^{-1}=\boldsymbol{K}-\lambda\boldsymbol{M},$$

得到

$$\begin{aligned}\boldsymbol{\Phi}^T\boldsymbol{R}^{-1}\boldsymbol{\Phi}&=\boldsymbol{\Phi}^T(\boldsymbol{K}-\lambda\boldsymbol{M})\boldsymbol{\Phi}\\&=\mathrm{diag}[\lambda_1-\lambda,\lambda_2-\lambda,\cdots,\lambda_u-\lambda,1,\cdots,1].\end{aligned} \tag{1.2.5}$$

求逆，有

$$\boldsymbol{\Phi}^{-1}\boldsymbol{R}(\boldsymbol{\Phi}^T)^{-1}=\mathrm{diag}\left[\frac{1}{\lambda_1-\lambda},\cdots,\frac{1}{\lambda_u-\lambda},1,\cdots,1\right].$$

消去 $\boldsymbol{\Phi}$，最后得到

$$\boldsymbol{R}=\boldsymbol{\Phi}\mathrm{diag}\left[\frac{1}{\lambda_1-\lambda},\cdots,\frac{1}{\lambda_u-\lambda},1,\cdots,1\right]\boldsymbol{\Phi}^T. \tag{1.2.6}$$

此即公式 (1.2.4)．

将公式 (1.2.4) 代入 (1.2.2)，得到响应的表达式

$$\boldsymbol{x}=\sum_{i=1}^{u}\frac{\boldsymbol{\varphi}_i(\boldsymbol{\varphi}_i^T\boldsymbol{f})}{\lambda_i-\lambda}+\boldsymbol{\varphi}_\infty(\boldsymbol{\varphi}_\infty^T\boldsymbol{f}). \tag{1.2.7}$$

此式把动响应表达为各个固有振动的动响应与纯静态位移的静响应的叠加．所以利用此式求响应的办法常叫做模态叠加法．

当

$$\lambda=\lambda_r \text{ 且 } \boldsymbol{\varphi}_r^T\boldsymbol{f}\neq 0 \tag{1.2.8}$$

时，由于 (1.2.7) 式中有一个分数等于 ∞，因而 $\boldsymbol{x}$ 也等于 ∞．这种情况在力学上叫做共振．按照代数学中严格的说法，应该说这

时的响应 $\boldsymbol{x}$ 不存在.

外加频率等于固有频率不一定发生共振. 设 λ_r 是特征方程的单根. 如果

$$\lambda=\lambda_r \text{ 且 } \boldsymbol{\varphi}_r^T\boldsymbol{f}=0, \tag{1.2.9}$$

那末共振不会发生. 这是因为 0/0 是一个不确定的量,公式 (2.7) 变为

$$\boldsymbol{x}=\boldsymbol{\varphi}_r\xi_r+\sum_{\substack{i=1\\ i\neq r}}^{u}\frac{\boldsymbol{\varphi}_i(\boldsymbol{\varphi}_i^T\boldsymbol{f})}{\lambda_i-\lambda_r}+\boldsymbol{\varphi}_\infty(\boldsymbol{\varphi}_\infty^T\boldsymbol{f}), \tag{1.2.10}$$

式中 ξ_r 是一个不确定的常数. 此式的第一项是齐次方程

$$(\boldsymbol{K}-\lambda_r\boldsymbol{M})\boldsymbol{x}=\boldsymbol{0} \tag{1.2.11}$$

的通解,而后面几项是方程 (1.2.1) 的一个特解.

再设 λ_r 是特征方程的重根. 命 $\lambda_l,\cdots,\lambda_m$ 都与 λ_r 相等,而其余的 λ_i 与 λ_r 不相等. 这时如果

$$\lambda=\lambda_r \text{ 且 } [\boldsymbol{\varphi}_l,\cdots,\boldsymbol{\varphi}_m]^T\boldsymbol{f}\neq 0, \tag{1.2.12}$$

那末便要发生共振. 但如果

$$\lambda=\lambda_r \text{ 且 } [\boldsymbol{\varphi}_l,\cdots,\boldsymbol{\varphi}_m]^T\boldsymbol{f}=0, \tag{1.2.13}$$

那末共振不会发生,而有

$$\boldsymbol{x}=\boldsymbol{\varphi}_l\xi_l+\cdots+\boldsymbol{\varphi}_m\xi_m+\sum_{\substack{i=1\\ i\neq l\cdots m}}^{u}\frac{\boldsymbol{\varphi}_i(\boldsymbol{\varphi}_i^T\boldsymbol{f})}{\lambda_i-\lambda_r}+\boldsymbol{\varphi}_\infty(\boldsymbol{\varphi}_\infty^T\boldsymbol{f}), \tag{1.2.14}$$

式中 $\xi_l,\cdots,\xi_m$ 是不定常数. 公式 (1.2.14) 中的前几项是齐次方程 (1.2.11) 的通解,而其余的项是方程 (1.2.1) 的一个特解.

现在进一步考虑分布情况与 $\boldsymbol{f}$ 相同的一类外载荷 $p\boldsymbol{f}$, 其中 p 是一个可变的参数,参数 p 可看作是一个广义力,而 $\boldsymbol{f}$ 规定了它的分布情况. 与 $p=1$ 对应的广义位移 u (也就是与 p 对应的动柔度)定义为

$$u=\boldsymbol{f}^T\boldsymbol{x}. \tag{1.2.15}$$

u 的展开式是

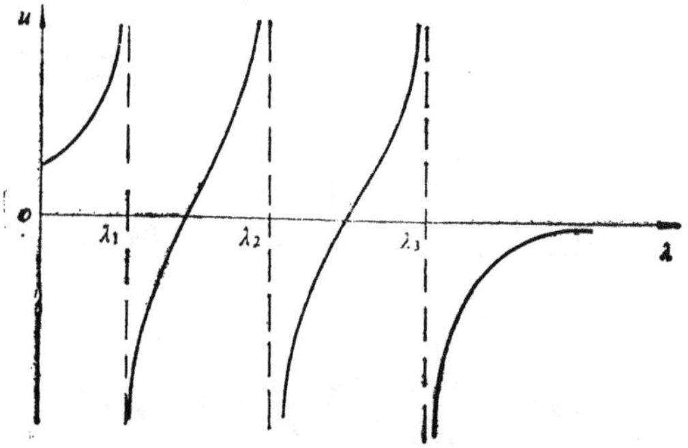

(a) 无刚体自由度，无纯静态自由度

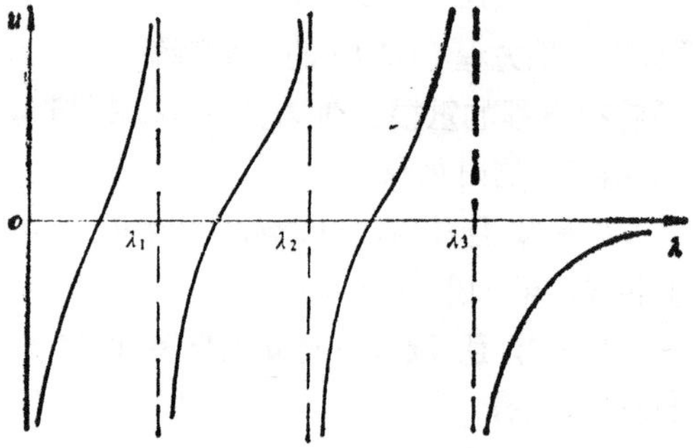

(b) 有刚体自由度，无纯静态自由度

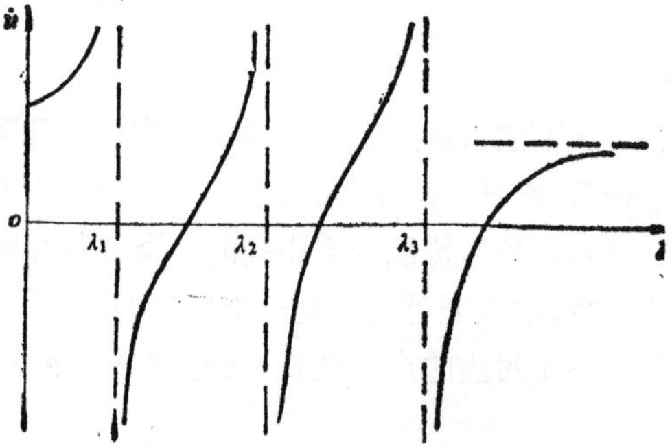

(c) 无刚体自由度，有纯静态自由度

图 1.2.1　典型的频率响应曲线

$$u = \sum_{i=1}^{n} \frac{f^T \varphi_i \varphi_i^T f}{\lambda_i - \lambda} + f^T \varphi_\infty \varphi_\infty^T f. \tag{1.2.16}$$

当外载荷的频率 $\sqrt{\lambda}$ 变化时，u 是 λ 的函数．这便是所谓频率响应曲线[1)]．u 随 λ 而变的曲线图形大致如图 1.2.1 所示（假定所有的 $\varphi_i^T f$ 都不等于零）．当无刚体自由度时，$u(0) > 0$；当有刚体自由度时，$u(0) = -\infty$．当无纯静态自由度时，$u(\infty) = -0$；当有纯静态自由度时，$u(\infty)$ 等于一有限的正值．当 λ 在某个本征值 λ_r 的附近时，$|u|$ 一般就很大，这便是所谓共振．要使共振不发生，必须(1.2.9)或 (1.2.13) 成立，即外载荷不在相应的振型上作功．在有共振时，当 λ 跨过本征值 λ_r 时，u 从 $+\infty$ 跳到 $-\infty$．在其它的地方，u 是 λ 的递增函数．

从图 1.2.1 可以看到，在公式 (1.2.16) 中出现的相邻两个固有频率之间必有一个频率能使

$$u = 0. \tag{1.2.17}$$

这就是说，不论载荷的幅值有多大，相应的广义位移等于零．这样的频率有时叫做反共振频率．

有些结构的振动试验规范规定，加力点的振动幅值 u 必须达到一个事前指定的值．共反共振情况下这必然导致振动台(或激振器)中的电流过大和结构中其它点的振幅过大，极易造成试验设备和试件的损坏．

参 考 文 献[2)]

[1] 胡海昌，弹性力学的变分原理及其应用，科学出版社，1981 年．

[2]* 王文亮、杜作润，结构振动与动态子结构法，复旦大学出版社，1985 年．

[3]* 吴福光、蔡承武、徐兆，振动理论，中山大学数学系，1983 年．

[4]* 郑兆昌，机械振动，上册，机械工业出版社，1980 年．

[5]* Clough, R. W. and Penzien, J., Dynamics of Structures, McGraw-Hill, 1975.（有中译本，克拉夫和彭津著，王光远等译，结构动力学，科学出版社，

1）通常所说的频率响应曲线是指 $|u|$ 对 λ 的曲线．本节用了 u 本身．

2）本书中参考文献编号上打＊号者是正文中未引用过的，它们属所论题目的一般参考文献．

1981 年.)

[6] Gladwell, G. M. L., Vibrating System with Equal Natural Frequencies, *Journal of Mechanical Engineering Science*, v. 3, No.2, p. 174, 1961.

[7]* Thomson, W. T., Theory of Vibration with Applications, Prentice-Hall, 1972.（有中译本，汤姆逊著，胡宗武等译，振动理论及其应用，煤炭工业出版社，1980 年.)

[8]* Timoshenko, S., Young, D. H. and Weaver, W., Jr., Vibration Problems in Engineering, Wiley, 4th ed., 1974.（有中译本，铁摩辛柯、杨和小韦孚著，胡人礼译，工程中的振动问题，人民铁道出版社，1978 年.)

第二章　小参数法和局部修改法

§ 2.1　孤立本征值的小参数法

一个振动系统的固有频率和固有振型，是该系统的刚度矩阵和质量矩阵的函数。当这两个矩阵有小变化后[1]，频率和振型必有相应的变化。本章前几节的目的就在于研究这些变化。为了便于讨论，命

$$\boldsymbol{K}=\boldsymbol{K}_0+\varepsilon\boldsymbol{K}_1,\quad \boldsymbol{M}=\boldsymbol{M}_0+\varepsilon\boldsymbol{M}_1, \tag{2.1.1}$$

式中 ε 是一个小参数。与 $\varepsilon=0$ 对应的系统称为原系统。$\boldsymbol{K}_0$ 和 $\boldsymbol{M}_0$ 是原系统的刚度矩阵和质量矩阵。$\varepsilon\boldsymbol{K}_1$ 和 $\varepsilon\boldsymbol{M}_1$ 代表两者的变化。本章前几节介绍的方法都立足于 ε 是一个小量，因此统称为小参数法，又称摄动法。按照原系统的本征值是否为特征方程的单根和是否与相邻的本征值保持不小的间距，需要应用三种不同的小参数法。

本节先考虑原系统的本征值 λ_{j0} 是特征方程的单根，并且它与相邻的其它本征值有一个不小的间距的最简单的情况。

在这种情况下，当 ε 很小时，本征值和振型都只有小变化，并且各有展开式

$$\begin{aligned}\lambda_j&=\lambda_{j0}+\lambda_{j1}\varepsilon+\lambda_{j2}\varepsilon^2+\cdots,\\ \boldsymbol{\varphi}_j&=\boldsymbol{\varphi}_{j0}+\boldsymbol{\varphi}_{j1}\varepsilon+\boldsymbol{\varphi}_{j2}\varepsilon^2+\cdots.\end{aligned} \tag{2.1.2}$$

λ_{j0} 和 $\boldsymbol{\varphi}_{j0}$ 是原系统的本征值和振型，λ_{j1} 和 $\boldsymbol{\varphi}_{j1}$ 是本征值和振型对 ε 的导数。为了决定展开式中的各个系数，可利用小参数法。将

1）在以下几类问题中常遇到参数的小变化：结构的小修改，刚度矩阵或质量矩阵的逐步改进，制造误差，灵敏度分析，用逐步逼近法作优化设计，用逐步逼近法作参数识别，弱耦合系统等等。

展开式 (2.1.2) 代入基本方程

$$[(\boldsymbol{K}_0+\varepsilon\boldsymbol{K}_1)-\lambda_j(\boldsymbol{M}_0+\varepsilon\boldsymbol{M}_1)]\boldsymbol{\varphi}_j=\boldsymbol{0} \tag{2.1.3}$$

和归一条件

$$\varphi_j^T(\boldsymbol{M}_0+\varepsilon\boldsymbol{M}_1)\varphi_j=1, \tag{2.1.4}$$

将所得结果也按 ε 的幂次排齐. 我们希望不论 ε 等于何值 (当然是在小量的范围内) 上列方程都能得到满足. 这就要求 ε 的各次幂的系数必须分别等于零. 这样便可得到一系列的方程, 可用于依次决定 λ_{j0}, $\boldsymbol{\varphi}_{j0}$, λ_{j1}, $\boldsymbol{\varphi}_{j1}$, $\cdots$ 等各个系数.

取出方程 (2.1.3), (2.1.4) 中 ε^0 的系数, 得到

$$\begin{aligned}&(\boldsymbol{K}_0-\lambda_{j0}\boldsymbol{M}_0)\boldsymbol{\varphi}_{j0}=0,\\&\boldsymbol{\varphi}_{j0}^T\boldsymbol{M}_0\boldsymbol{\varphi}_{j0}=1.\end{aligned} \tag{2.1.5}$$

这是原系统的方程. 正如所预期的, λ_{j0} 和 $\boldsymbol{\varphi}_{j0}$ 是原系统的本征值和振型.

取出方程 (2.1.3), (2.1.4) 中 ε 的系数, 得到

$$(\boldsymbol{K}_0-\lambda_{j0}\boldsymbol{M}_0)\boldsymbol{\varphi}_{j1}=\boldsymbol{f}_{j1}, \tag{2.1.6a}$$

$$\boldsymbol{\varphi}_{j0}^T\boldsymbol{M}_0\boldsymbol{\varphi}_{j1}=-\frac{1}{2}\boldsymbol{\varphi}_{j0}^T\boldsymbol{M}_1\boldsymbol{\varphi}_{j0}, \tag{2.1.6b}$$

其中

$$\boldsymbol{f}_{j1}=-\boldsymbol{K}_1\boldsymbol{\varphi}_{j0}+\lambda_{j0}\boldsymbol{M}_1\boldsymbol{\varphi}_{j0}+\lambda_{j1}\boldsymbol{M}_0\boldsymbol{\varphi}_{j0}. \tag{2.1.7}$$

要从方程 (2.1.6a) 求 $\boldsymbol{\varphi}_{j1}$ 相当于解一个强迫振动问题. 由于 λ_{j0} 是一个本征值, 在一般情况下会发生共振而使方程 (2.1.6a) 无解. 要使共振不发生必须有

$$\boldsymbol{\varphi}_{j0}^T\boldsymbol{f}_{j1}=\boldsymbol{\varphi}_{j0}^T(-\boldsymbol{K}_1\boldsymbol{\varphi}_{j0}+\lambda_{j0}\boldsymbol{M}_1\boldsymbol{\varphi}_{j0}+\lambda_{j1}\boldsymbol{M}_0\boldsymbol{\varphi}_{j0})=0. \tag{2.1.8}$$

由此即可解得

$$\lambda_{j1}=\frac{\boldsymbol{\varphi}_{j0}^T(\boldsymbol{K}_1-\lambda_{j0}\boldsymbol{M}_1)\boldsymbol{\varphi}_{j0}}{\boldsymbol{\varphi}_{j0}^T\boldsymbol{M}_0\boldsymbol{\varphi}_{j0}}=\boldsymbol{\varphi}_{j0}^T(\boldsymbol{K}_1-\lambda_{j0}\boldsymbol{M}_1)\boldsymbol{\varphi}_{j0}. \tag{2.1.9}$$

据说这个公式是首先由 Jacobi[11] 得到的. 根据这个公式, 只要知道了原系统的振型 $\boldsymbol{\varphi}_{j0}$, 便可简单地计算 λ_{j1}. 在 (2.1.8) 式成立的前提下, 方程 (2.1.6) 有解. 具体解法可有以下几种.

如果原系统的全部本征值和振型都已求得, 那末可把 $\boldsymbol{\varphi}_{j1}$ 按

原有振型展开

$$\boldsymbol{\varphi}_{j1}=\sum_{n}\boldsymbol{\varphi}_{n0}\xi_{j1}^{n}+\boldsymbol{\varphi}_{\infty 0}\xi_{j1}^{\infty}. \tag{2.1.10}$$

根据方程 (2.1.6b) 和 (2.1.6a) 可依次求得

$$\xi_{j1}^{j}=-\frac{1}{2}\boldsymbol{\varphi}_{j0}^{T}\boldsymbol{M}_{1}\boldsymbol{\varphi}_{j0}, \tag{2.1.11a}$$

$$\xi_{j1}^{\infty}=\boldsymbol{\varphi}_{\infty 0}^{T}\boldsymbol{f}_{j1}, \tag{2.1.11b}$$

$$\text{当 } n\neq j \text{ 时，} \xi_{j1}^{n}=\frac{\boldsymbol{\varphi}_{n0}^{T}\boldsymbol{f}_{j1}}{\lambda_{n0}-\lambda_{j0}}, \tag{2.1.11c}$$

如果未曾求得原系统的全部振型，但已求得了所有比较重要的振型，那末在公式 (2.1.10) 中保留已求得的 $\boldsymbol{\varphi}_{n0}$ 和 $\boldsymbol{\varphi}_{\infty 0}$ 而舍去未求得的 $\boldsymbol{\varphi}_{n0}$，可得到 $\boldsymbol{\varphi}_{j1}$ 的近似值.

如果只求得原系统的少数几个振型，那末公式 (2.1.10) 便无法应用. 这时只能根据方程 (2.1.6) 去求解 $\boldsymbol{\varphi}_{j1}$. 当 λ_{j0} 为特征方程的单根时，(2.1.6a) 中有一个方程是不独立的，而 (2.1.6b) 正好补足了所缺的方程. 对于比较简单的问题，人们事前能估计到 (2.1.6a) 中哪个方程是不独立的，这样便可在 (2.1.6a) 中划去该方程而从留下来的方程去求 $\boldsymbol{\varphi}_{j1}$. Nelson[12] 曾试用过这个方法. 不过这个方法有两个缺点，其一是方程的系数矩阵不对称，其二是如果事前无法肯定哪个方程不独立，这个方法就根本不能应用.

在一般情况下可以采用如下的办法. 用 $\mu_{j1}\boldsymbol{M}_0\boldsymbol{\varphi}_{j0}$ 前乘 (2.1.6b) (其中 μ_{j1} 为一常数)，然后将所得结果加入 (1.6a)，可得到

$$\begin{aligned}&(\boldsymbol{K}_0-\lambda_{j0}\boldsymbol{M}_0+\mu_{j1}\boldsymbol{M}_0\boldsymbol{\varphi}_{j0}\boldsymbol{\varphi}_{j0}^{T}\boldsymbol{M}_0)\boldsymbol{\varphi}_{j1}\\&=\boldsymbol{f}_{j1}-\frac{1}{2}\mu_{j1}\boldsymbol{M}_0\boldsymbol{\varphi}_{j0}\boldsymbol{\varphi}_{j0}^{T}\boldsymbol{M}_1\boldsymbol{\varphi}_{j0}.\end{aligned} \tag{2.1.12}$$

由此即可唯一地决定 $\boldsymbol{\varphi}_{j1}$. 这可证明如下. 设想将 $\boldsymbol{\varphi}_{j1}$ 按原系统的振型展开，如式 (2.1.10). 将 (2.1.10) 代入方程 (2.1.12)，利用振型的正交双归一性质即可得到以前的公式 (2.1.11). 此即表明方程 (2.1.12) 有唯一解. 方程 (2.1.12) 中的 μ_{j1} 是一个不定常数，可根据具体情况适当选定，以便于方程的求解. 例如当 $\lambda_{j0}\neq 0$ 时，可

取 $\mu_{j1}=\lambda_{j1}$. Fox-Kapoor[9] 曾建议过一组方程，相当于在方程 (2.1.12) 中取 $\mu_{j1}=2$. 但是根据同名数才能相加的原理，μ_{j1} 不能取为无名数，因为 μ_{j1} 的量纲必须与 λ 相同.

取出方程 (2.1.3), (2.1.4) 中 ε^2 的系数，得到

$$(\boldsymbol{K}_0-\lambda_{j0}\boldsymbol{M}_0)\boldsymbol{\varphi}_{j0}=\boldsymbol{f}_{j2},$$

$$\boldsymbol{\varphi}_{j0}^T\boldsymbol{M}_0\boldsymbol{\varphi}_{j2}=-\frac{1}{2}(\boldsymbol{\varphi}_{j1}^T\boldsymbol{M}_0\boldsymbol{\varphi}_{j1}+2\boldsymbol{\varphi}_{j0}^T\boldsymbol{M}_1\boldsymbol{\varphi}_{j1}), \qquad (2.1.13)$$

其中

$$\boldsymbol{f}_{j2}=-\boldsymbol{K}_1\boldsymbol{\varphi}_{j1}+\lambda_{j0}\boldsymbol{M}_1\boldsymbol{\varphi}_{j1}+\lambda_{j1}\boldsymbol{M}_0\boldsymbol{\varphi}_{j1}$$
$$+\lambda_{j1}\boldsymbol{M}_1\boldsymbol{\varphi}_{j0}+\lambda_{j2}\boldsymbol{M}_0\boldsymbol{\varphi}_{j0}. \qquad (2.1.14)$$

这组方程与方程 (2.1.6) 属同一类型，所以可以用相同的办法求出 λ_{j2} 和 $\boldsymbol{\varphi}_{j2}$.

类似地，取出方程 (2.1.3), (2.1.4) 中 ε^3 的系数，可得到一组方程用于决定 λ_{j3} 和 $\boldsymbol{\varphi}_{j3}$. 以下类推. 在实际工作中大多只计算到 λ_{j1} 和 $\boldsymbol{\varphi}_{j1}$，偶尔也计算到 λ_{j2} 和 $\boldsymbol{\varphi}_{j2}$，但很少计算更高次的系数.

上面介绍的是代数本征值问题中常见的小参数法. 在 Bellman 的专著 [7] 中已提示了展开式(2.1.2). 各个系数的详细的算法则见于 Chen-Wada 的 [8] 和张德文，王龙生的 [5].

在实际工作中公式 (2.1.9) 应用得很多. 由于它的重要性，下面再介绍一种根据变分原理的推导方法. 这个方法初见于 Wittrick 的 [14]. 前已说明，瑞利商给出

$$\lambda_j=\frac{\boldsymbol{\varphi}_j^T\boldsymbol{K}\boldsymbol{\varphi}_j}{\boldsymbol{\varphi}_j^T\boldsymbol{M}\boldsymbol{\varphi}_j}. \qquad (2.1.15)$$

根据这个算式，我们可以把 λ_j 看作是 $\boldsymbol{K}$, $\boldsymbol{M}$, $\boldsymbol{\varphi}_j$ 的函数，而 $\boldsymbol{\varphi}_j$ 本身又是 $\boldsymbol{K}$ 和 $\boldsymbol{M}$ 的函数. 这样当 $\boldsymbol{K}$ 和 $\boldsymbol{M}$ 在 $\boldsymbol{K}_0$ 和 $\boldsymbol{M}_0$ 的基础上有一阶小量的变化

$$\delta\boldsymbol{K}=\varepsilon\boldsymbol{K}_1,\ \delta\boldsymbol{M}=\varepsilon\boldsymbol{M}_1 \qquad (2.1.16)$$

之后，λ_j 在 λ_{j0} 基础上的一阶小量变化 $\delta\lambda_j$ 可分解为三项之和

$$\delta\lambda_j=\delta_1\lambda_j+\delta_2\lambda_j+\delta_3\lambda_j, \qquad (2.1.17)$$

式中 $\delta_1\lambda_j$ 代表直接由 $\delta\boldsymbol{K}$ 引起的变化，$\delta_2\lambda_j$ 代表直接由 $\delta\boldsymbol{M}$ 引起

的变化，而 $\delta_3\lambda_j$ 代表通过 $\delta\boldsymbol{\varphi}_j$ 而引起的间接的变化．但是根据§1.1 中变分式 (1.1.9) 可知，$\boldsymbol{\varphi}_{j0}$ 使瑞利商取驻值，因而在一阶小量的范围内必有

$$\delta_3\lambda_j = 0. \tag{2.1.18}$$

这样公式 (2.1.17) 简化为

$$\delta\lambda_j = \delta_1\lambda_j + \delta_2\lambda_j, \tag{2.1.19}$$

而根据公式 (2.1.15) 有

$$\frac{\delta_1\lambda_j}{\lambda_{j0}} = \frac{\boldsymbol{\varphi}_{j0}^T\delta\boldsymbol{K}\boldsymbol{\varphi}_{j0}}{\boldsymbol{\varphi}_{j0}^T\boldsymbol{K}_0\boldsymbol{\varphi}_{j0}}, \quad \frac{\delta_2\lambda_j}{\lambda_{j0}} = -\frac{\boldsymbol{\varphi}_{j0}^T\delta\boldsymbol{M}\boldsymbol{\varphi}_{j0}}{\boldsymbol{\varphi}_{j0}^T\boldsymbol{M}_0\boldsymbol{\varphi}_{j0}}, \tag{2.1.20}$$

$$\delta\lambda_j = \frac{\boldsymbol{\varphi}_{j0}^T(\delta\boldsymbol{K} - \lambda_{j0}\delta\boldsymbol{M})\boldsymbol{\varphi}_{j0}}{\boldsymbol{\varphi}_{j0}^T\boldsymbol{M}_0\boldsymbol{\varphi}_{j0}} = \boldsymbol{\varphi}_{j0}^T(\delta\boldsymbol{K} - \lambda_{j0}\delta\boldsymbol{M})\boldsymbol{\varphi}_{j0} \tag{2.1.21}$$

再将 (2.1.16) 代入 (2.1.21)，并注意到

$$\lambda_{j1} = \lim_{\varepsilon\to 0}\frac{\delta\lambda_j}{\varepsilon} \tag{2.1.22}$$

便可导出前面的公式 (2.1.9)．公式(2.1.20) 的右端具有明显的力学意义，它们代表振型不变时的应变能比和动能系数比．

如果 $\delta\boldsymbol{K}$ 是一个非负矩阵[1)]，则说这种变化是刚度增大 ($\boldsymbol{K}$ 增大)；反之，如果 $\delta\boldsymbol{K}$ 是一个非正矩阵，则说刚度减小($\boldsymbol{K}$ 减小)．类似地，当 $\delta\boldsymbol{M}$ 为非负矩阵时，则说质量增大 ($\boldsymbol{M}$ 增大)，而当 $\delta\boldsymbol{M}$ 为非正矩阵时，则说质量减小($\boldsymbol{M}$ 减小)．根据上述定义，增大刚度或减小质量总使固有频率提高或不变，而减小刚度或增大质量总使固有频率降低或不变．从力学上看，增加某个弹簧的刚度，增加梁、板、壳等元件的弯曲刚度，都属于增大刚度、增加某质点的质量，增加某结构元件的密度，都属于增加质量．但是增加 $\boldsymbol{K}$ 或 $\boldsymbol{M}$ 矩阵中对角线外的某个元的数值就不一定是使该矩阵增大．

§ 2.2 重本征值的小参数法

上节讨论的方法只适用于原系统的 λ_{j0} 是特征方程的单根的

---

1) 一个实对称矩阵 $\boldsymbol{A}$ 称为非负的(非正的)，如果对于任意的实列阵 $\boldsymbol{x}$ 有 $\boldsymbol{x}^T\boldsymbol{A}\boldsymbol{x}\geqslant 0$ ($\boldsymbol{x}^T\boldsymbol{A}\boldsymbol{x}\leqslant 0$)．

情况．本节再来讨论原系统的 $i \leqslant j \leqslant k$ 的一组 λ_{j0} 是彼此相等的重根的情况．此种情况下的小参数法是不久前才由 Haug-Rousselet[10]， 陈塑寰[1] 和胡海昌（文 [2] 和书 [3] §2.10）彼此独立地解决的．对称结构、频率优化结构以及其它比较复杂的空间结构，常会遇到重本征值的情况． 这种情况有两个重要的特点，其一是刚度矩阵或质量矩阵变化后，原来相等的一组本征值 $\lambda_{i0} \sim \lambda_{k0}$ 可能分离为多个不等的本征值 $\lambda_i \sim \lambda_k$（其中可能仍有低阶的重根）．其二是同编号的新旧两个本征列阵之差

$$\Delta \boldsymbol{\varphi}_j = \boldsymbol{\varphi}_j - \boldsymbol{\varphi}_{j0}, \quad i \leqslant j \leqslant k \tag{2.2.1}$$

不一定是个小量．我们先来看一个简单的例子．

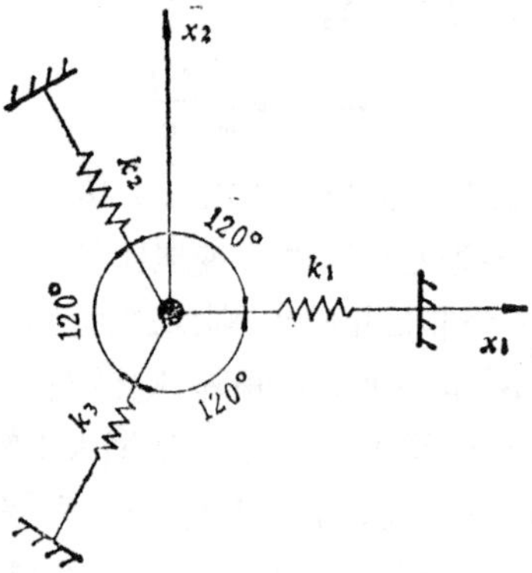

图 2.2.1

例． 考虑如图 2.2.1 所示的由三个弹簧支撑的质点的平面振动问题．这是一个二自由度的系统，它的振动方程为

$$\left[k_1 + \frac{1}{4}(k_2 + k_3)\right] x_1 + \frac{\sqrt{3}}{4}(k_3 - k_2)x_2 - \lambda m x_1 = 0,$$

$$\frac{\sqrt{3}}{4}(k_3 - k_2)x_1 + \frac{3}{4}(k_3 + k_2)x_2 - \lambda m x_2 = 0.$$

考虑三组 k 值：

(1) $k_1 = k_2 = k_3 = k$．这时两个本征值相等

$$\lambda_1 = \lambda_2 = \frac{3k}{2m}, \quad \varphi = \begin{bmatrix} 1 & 0 \\ 0 & 1 \end{bmatrix}. \tag{a}$$

(2) $k_1 = k + \delta k_1$，$k_2 = k_3 = k$. 这时

$$\lambda_1 = \frac{3k + 2\delta k_1}{2m}, \quad \varphi_1 = \begin{bmatrix} 1 \\ 0 \end{bmatrix}; \quad \lambda_2 = \frac{3k}{2m}, \quad \varphi_2 = \begin{bmatrix} 0 \\ 1 \end{bmatrix}. \tag{b}$$

(3) $k_1 = k_2 = k$，$k_3 = k + \delta k_3$. 这时

$$\lambda_1 = \frac{3k + 2\delta k_3}{2m}, \quad \varphi_1 = \begin{bmatrix} \frac{1}{2} \\ \frac{\sqrt{3}}{2} \end{bmatrix}; \quad \lambda_2 = \frac{3k}{2m}, \quad \varphi_2 = \begin{bmatrix} \frac{\sqrt{3}}{2} \\ -\frac{1}{2} \end{bmatrix}. \tag{c}$$

从此例可以看到，从 (a) 变到 (b)，一个本征值不变，一个本征值只有小变化，而本征列阵不变. 从 (a) 变到 (c)，尽管同样是一个本征值不变，一个本征值只有小变化，但是本征列阵却有不小的变化.

同编号的新旧两个本征列阵之差可能不是小量，这一事实也可以从数学上得到解释. 把 $\boldsymbol{\varphi}_j$ 看作是 ε 的函数，并为了突出这一关系，把它改写成为 $\boldsymbol{\varphi}_j(\varepsilon)$. 当 ε 趋于 0 时 $\boldsymbol{\varphi}_j(\varepsilon)$ 趋于一个极限 $\boldsymbol{\varphi}_j(0)$. 这个 $\boldsymbol{\varphi}_j(0)$ 不一定就是原来的 $\boldsymbol{\varphi}_{j0}$. 这是因为在重本征值的情况下，当初选定 $\boldsymbol{\varphi}_{i0}, \cdots, \boldsymbol{\varphi}_{k0}$ 时有一定的随意性. 当初随意选定的 $\boldsymbol{\varphi}_{j0}$ 显然不大可能恰好等于后来决定的 $\boldsymbol{\varphi}_j(0)$. 但是有一点可以肯定，与 $\boldsymbol{\varphi}_j(0)$ 对应的本征值必是原系统的重本征值. 这表明 $\boldsymbol{\varphi}_j(0)$ 是下列方程的解

$$(\boldsymbol{K}_0 - \lambda_0 \boldsymbol{M}_0)\boldsymbol{\varphi}_j(0) = 0. \tag{2.2.2}$$

式中为了简明起见用 λ_0 代替相等的 $\lambda_{i0}, \cdots, \lambda_{k0}$. 在重本征值的情况下，方程 (2.2.2) 的通解是由 $\boldsymbol{\varphi}_{i0}, \cdots, \boldsymbol{\varphi}_{k0}$ 张成的本征空间，所以 $\boldsymbol{\varphi}_j(0)$ 必落在这个本征空间内，因而 $\boldsymbol{\varphi}_j(0)$ 必可表达为

$$\boldsymbol{\varphi}_j(0) = \boldsymbol{\phi}_0 \boldsymbol{a}_{j0}, \tag{2.2.3}$$

其中

$$\begin{aligned} \boldsymbol{\phi}_0 &= [\boldsymbol{\varphi}_{i0}, \cdots, \boldsymbol{\varphi}_{k0}], \\ \boldsymbol{\alpha}_{j0} &= [\alpha_{j0}^i, \cdots, \alpha_{j0}^k]. \end{aligned} \tag{2.2.4}$$

$\boldsymbol{\alpha}_{j0}$ 是一个特定的矩阵．由此可知，当 ε 很小时，λ_j 和 $\boldsymbol{\varphi}_j$ 有如下的展开式

$$\begin{aligned} \lambda_j &= \lambda_0 + \lambda_{j1}\varepsilon + \lambda_{j2}\varepsilon^2 + \cdots, \\ \boldsymbol{\varphi}_j &= \boldsymbol{\phi}_0\boldsymbol{\alpha}_{j0} + \boldsymbol{\varphi}_{j1}\varepsilon + \boldsymbol{\varphi}_{j2}\varepsilon^2 + \cdots, \end{aligned} \tag{2.2.5}$$

在 $i \leqslant j \leqslant k$ 的范围内将上式拼装为矩阵公式，得到

$$\begin{aligned} \boldsymbol{\Lambda} &= \lambda_0\boldsymbol{I} + \boldsymbol{\Lambda}_1\varepsilon + \boldsymbol{\Lambda}_2\varepsilon^2 + \cdots. \\ \boldsymbol{\phi} &= \boldsymbol{\phi}_0\boldsymbol{\gamma}_0 + \boldsymbol{\phi}_1\varepsilon + \boldsymbol{\phi}_2\varepsilon^2 + \cdots. \end{aligned} \tag{2.2.6}$$

其中 $\boldsymbol{I}$ 是 $(k - i + 1)$ 阶的单位矩阵，而

$$\begin{aligned} \boldsymbol{\Lambda}_m &= \mathrm{diag}[\lambda_{im}, \cdots, \lambda_{km}], \\ \boldsymbol{\phi}_m &= [\boldsymbol{\varphi}_{im}, \cdots, \boldsymbol{\varphi}_{km}], \\ \boldsymbol{\gamma}_0 &= [\boldsymbol{\alpha}_{i0}, \cdots, \boldsymbol{\alpha}_{k0}]. \end{aligned} \tag{2.2.7}$$

有了 $\boldsymbol{\Lambda}$ 和 $\boldsymbol{\phi}$ 对 ε 的展开式，我们便可以仿照上节的小参数法依次决定 $\boldsymbol{\Lambda}_1$, $\boldsymbol{\gamma}_0$, $\boldsymbol{\Lambda}_2$, $\boldsymbol{\phi}_1$, $\cdots$. 为此将展开式 (2.2.6) 代入基本方程

$$(\boldsymbol{K}_0 + \varepsilon\boldsymbol{K}_1)\boldsymbol{\phi} - (\boldsymbol{M}_0 + \varepsilon\boldsymbol{M}_1)\boldsymbol{\phi}\boldsymbol{\Lambda} = 0 \tag{2.2.8}$$

和正交归一条件

$$\boldsymbol{\phi}^T(\boldsymbol{M}_0 + \varepsilon\boldsymbol{M}_1)\boldsymbol{\phi} = \boldsymbol{I}, \tag{2.2.9}$$

然后命方程中 ε 的各次幂的系数分别等于零．

取出方程 (2.2.8), (2.2.9) 中 ε^0 的系数，得到

$$(\boldsymbol{K}_0 - \lambda_0\boldsymbol{M}_0)\boldsymbol{\phi}_0\boldsymbol{\gamma}_0 = \boldsymbol{0}, \tag{2.2.10a}$$

$$\boldsymbol{\gamma}_0^T\boldsymbol{\phi}_0^T\boldsymbol{M}_0\boldsymbol{\phi}_0\boldsymbol{\gamma}_0 = \boldsymbol{I}. \tag{2.2.10b}$$

根据 $\boldsymbol{\phi}_0$ 的定义 (2.2.4)，方程 (2.2.10a) 已经满足，而 (2.2.10b) 简化为

$$\boldsymbol{\gamma}_0^T\boldsymbol{\gamma}_0 = \boldsymbol{I}, \tag{2.2.11}$$

即 $\boldsymbol{\gamma}_0$ 应是一个正交矩阵．

取出方程 (2.2.8), (2.2.9) 中 ε 的系数，得到

$$(\boldsymbol{K}_0 - \lambda_0\boldsymbol{M}_0)\boldsymbol{\phi}_1 = \boldsymbol{F}_1, \tag{2.2.12a}$$

$$\boldsymbol{\gamma}_0^T\boldsymbol{\phi}_0^T\boldsymbol{M}_0\boldsymbol{\phi}_1 = -\frac{1}{2}\boldsymbol{\gamma}_0^T\boldsymbol{\phi}_0^T\boldsymbol{M}_1\boldsymbol{\phi}_0\boldsymbol{\gamma}_0, \qquad (2.2.12b)$$

其中

$$\boldsymbol{F}_1 = -\boldsymbol{K}_1\boldsymbol{\phi}_0\boldsymbol{\gamma}_0 + \lambda_0\boldsymbol{M}_1\boldsymbol{\phi}_0\boldsymbol{\gamma}_0 + \boldsymbol{M}_0\boldsymbol{\phi}_0\boldsymbol{\gamma}_0\boldsymbol{\Lambda}_1. \qquad (2.2.13)$$

要从方程 (2.2.12a) 求解 $\boldsymbol{\phi}_1$，相当于求解 $(k-i+1)$ 个强迫振动问题. 由于 λ_0 是一个重本征值，在一般情况下会发生共振而使方程 (2.2.12a) 无解. 要使共振不发生，必须有

$$\boldsymbol{\phi}_0^T\boldsymbol{F}_1 = \boldsymbol{0},$$

即

$$\boldsymbol{A}_1\boldsymbol{\gamma}_0 - \boldsymbol{\gamma}_0\boldsymbol{\Lambda}_1 = \boldsymbol{0}, \qquad (2.2.14)$$

其中

$$\boldsymbol{A}_1 = \boldsymbol{\phi}_0^T(\boldsymbol{K}_1 - \lambda_0\boldsymbol{M}_1)\boldsymbol{\phi}_0. \qquad (2.2.15)$$

方程 (2.2.14) 是一个 $(k-i+1)$ 阶的标准本征值问题，$\boldsymbol{\Lambda}_1$ 和 $\boldsymbol{\gamma}_0$ 中的各列是待求的本征值和本征列阵. 方程 (2.2.14) 连同正交归一条件 (2.2.11) 便可决定 $\boldsymbol{\Lambda}_1$ 和 $\boldsymbol{\gamma}_0$. $\boldsymbol{\Lambda}_1$ 中的本征值仍按以前的规定从小到大排列. 如果方程 (2.2.14) 无重本征值，那末这样决定的 $\boldsymbol{\Lambda}_1$ 和 $\boldsymbol{\gamma}_0$ 是唯一的. 如果方程 (2.2.14) 有重本征值，那末 $\boldsymbol{\gamma}_0$ 便有相应程度的不确定性. 下面为了简明起见，假定方程 (2.2.14) 无重本征值.

$\boldsymbol{\Lambda}_1$ 和 $\boldsymbol{\gamma}_0$ 按以上要求决定后，方程 (2.2.12a) 便有解了. 具体的解法和上节差不多. 主要有两种. 如果原系统的本征值和振型都已求得，那末可将 $\boldsymbol{\phi}_1$ 按原有振型展开为[1)]

$$\boldsymbol{\phi}_1 = \boldsymbol{\phi}_0\boldsymbol{\gamma}_1 + \sum_{n \neq i\sim k}\boldsymbol{\varphi}_{n0}\xi_1^n + \boldsymbol{\varphi}_{\infty 0}\xi_1^\infty. \qquad (2.2.16)$$

根据方程 (2.2.12b), (2.2.12a) 可依次求得

$$\boldsymbol{\gamma}_1 = -\frac{1}{2}\boldsymbol{\phi}_0^T\boldsymbol{M}_1\boldsymbol{\phi}_0\boldsymbol{\gamma}_0,$$

$$\xi_1^\infty = \boldsymbol{\varphi}_{\infty 0}^T\boldsymbol{F}_1,$$

1) $\boldsymbol{\gamma}_1$, ξ_1^n 和 ξ_1^∞ 都是具有 $(k-i+1)$ 列的矩阵. 它们的行数分别等于 $\boldsymbol{\phi}_0$, $\boldsymbol{\varphi}_{n0}$ 和 $\boldsymbol{\varphi}_{\infty 0}$ 的列数.

$$\text{当 } n \neq i-k \text{ 时，} \xi_1^n = \frac{\boldsymbol{\varphi}_{n0}^T \boldsymbol{F}_1}{\lambda_{n0} - \lambda_0}. \tag{2.2.17}$$

如果只求得了原系统的少数几个振型，那末公式 (2.2.16) 便无法应用．这时只能根据方程 (2.2.12) 求解 $\boldsymbol{\phi}_1$．方程 (2.2.12a) 中有 $(k-i+1)$ 个方程是不独立的，而 (2.2.12b) 正好补足了所缺的方程．但是方程 (2.2.12a，b) 合在一起，方程数超过了未知数，求解很不方便．可以仿照上节的办法导出不多不少的方程．在方程 (2.2.12b) 两端前乘 $\boldsymbol{\gamma}_0$，利用 $\boldsymbol{\gamma}_0$ 的正交性有

$$\boldsymbol{\phi}_0^T \boldsymbol{M}_0 \boldsymbol{\phi}_1 = -\frac{1}{2} \boldsymbol{\phi}_0^T \boldsymbol{M}_1 \boldsymbol{\phi}_0 \boldsymbol{\gamma}_0. \tag{2.2.18}$$

命 μ_1 是一个适当选定的 $(k-i+1)$ 阶的非奇异矩阵，其中的各个元的量纲都与本征值同．用 $\mu_1 \boldsymbol{M}_0 \boldsymbol{\phi}_0$ 前乘 (2.2.18)，并把所得结果加入 (2.2.12a)，得到

$$\begin{aligned}(\boldsymbol{K}_0 - \lambda_0 \boldsymbol{M}_0 + \mu_1 \boldsymbol{M}_0 \boldsymbol{\phi}_0 \boldsymbol{\phi}_0^T \boldsymbol{M}_0)\boldsymbol{\phi}_1 \\ = \boldsymbol{F}_1 - \frac{1}{2} \mu_1 \boldsymbol{M}_0 \boldsymbol{\phi}_0 \boldsymbol{\phi}_0^T \boldsymbol{M}_1 \boldsymbol{\phi}_0 \boldsymbol{\gamma}_0.\end{aligned} \tag{2.2.19}$$

从此方程可唯一地决定 $\boldsymbol{\phi}_1$．事实上如果将 $\boldsymbol{\phi}_1$ 展开如 (2.2.16) 式，那末从方程 (2.19) 仍能导出以前的公式 (2.2.17)．

取出方程 (2.2.8)，(2.2.9) 中 ε^2 的系数，得到

$$\begin{aligned}(\boldsymbol{K}_0 - \lambda_0 \boldsymbol{M}_0)\boldsymbol{\phi}_2 = \boldsymbol{F}_2, \\ \boldsymbol{\gamma}_0^T \boldsymbol{\phi}_0^T \boldsymbol{M}_0 \boldsymbol{\phi}_2 = -\frac{1}{2}(\boldsymbol{\phi}_1^T \boldsymbol{M}_0 \boldsymbol{\phi}_1 + 2\boldsymbol{\gamma}_0^T \boldsymbol{\phi}_0^T \boldsymbol{M}_1 \boldsymbol{\phi}_1),\end{aligned} \tag{2.2.20}$$

其中

$$\begin{aligned}\boldsymbol{F}_2 = -\boldsymbol{K}_1 \boldsymbol{\phi}_1 + \lambda_0 \boldsymbol{M}_1 \boldsymbol{\phi}_1 + \boldsymbol{M}_0 \boldsymbol{\phi}_1 \boldsymbol{\Lambda}_1 \\ + \boldsymbol{M}_1 \boldsymbol{\phi}_0 \boldsymbol{\gamma}_0 \boldsymbol{\Lambda}_1 + \boldsymbol{M}_0 \boldsymbol{\phi}_0 \boldsymbol{\gamma}_0 \boldsymbol{\Lambda}_2.\end{aligned} \tag{2.2.21}$$

这组方程与方程 (2.2.12) 属同一类型，所以可以用相同的办法求 $\boldsymbol{\Lambda}_2$ 和 $\boldsymbol{\phi}_2$．以下类推，不再赘述．

由于实用上的重要性，下面再介绍一种根据变分原理推导方程 (2.2.14) 的方法．根据展开式 (2.2.5)，$\boldsymbol{\varphi}_j$ 可改写成下列形式

$$\boldsymbol{\varphi}_j = \boldsymbol{\phi}_0 \boldsymbol{a}_{j0} + \delta \boldsymbol{\varphi}_j, \quad i \leqslant j \leqslant k. \tag{2.2.22}$$

式中的 $\delta\boldsymbol{\varphi}_j$ 是一阶小量，而 $\boldsymbol{\phi}_0\boldsymbol{a}_{j0}$ 相当于上节公式中的 $\boldsymbol{\varphi}_{j0}$. 和上节相同，$\delta\lambda_j$ 仍可分解为三项之和，如公式 (2.1.17)，并且由于同样的理由可证明 (2.1.18) 式成立. 这样根据算式 (2.1.15) 有

$$\delta\lambda_j = \frac{\boldsymbol{a}_{j0}^T\boldsymbol{\phi}_0^T(\delta\boldsymbol{K} - \lambda_0\delta\boldsymbol{M})\boldsymbol{\phi}_0\boldsymbol{a}_{j0}}{\boldsymbol{a}_{j0}^T\boldsymbol{\phi}_0^T\boldsymbol{M}_0\boldsymbol{\phi}_0\boldsymbol{a}_{j0}}$$

$$= \frac{\boldsymbol{a}_{j0}^T\boldsymbol{\phi}_0^T(\delta\boldsymbol{K} - \lambda_0\delta\boldsymbol{M})\boldsymbol{\phi}_0\boldsymbol{a}_{j0}}{\boldsymbol{a}_{j0}^T\boldsymbol{a}_{j0}}, \quad i \leqslant j \leqslant k. \tag{2.2.23}$$

此式中的 $\boldsymbol{a}_{j0}$ 还是未定的. 根据变分原理的要求，未定的参数或系数都应该使本征值取驻值. 这样上式可进一步明确为

$$\delta\lambda = \operatorname*{st}_{\boldsymbol{a}_0} \frac{\boldsymbol{a}_0^T\boldsymbol{\phi}_0^T(\delta\boldsymbol{K} - \lambda_0\delta\boldsymbol{M})\boldsymbol{\phi}_0\boldsymbol{a}_0}{\boldsymbol{a}_0^T\boldsymbol{a}_0}. \tag{2.2.24}$$

在此公式中我们省去了 λ 和 $\boldsymbol{a}_0$ 的下标 j，这是因为此式共有 $(k - i + 1)$ 个驻值（如有重驻值则计及其重数），它们恰好是待求的 $(k - i + 1)$ 个 $\delta\lambda_i, \cdots, \delta\lambda_k$.

将变分式 (2.2.24) 化为代数方程，得到

$$[\boldsymbol{\phi}_0^T(\delta\boldsymbol{K} - \lambda_0\delta\boldsymbol{M})\boldsymbol{\phi}_0]\boldsymbol{a}_0 - \delta\lambda\boldsymbol{a}_0 = \boldsymbol{0}. \tag{2.2.25}$$

这个方程是与方程 (2.2.14) 等价的.

§2.3 本征值组的小参数法

最后我们来考虑 λ_{j0} 虽然是特征方程的单根，但它与相邻的几个本征值相差不大的情况. 这时单从数学上考虑仍可假定 $(\boldsymbol{\varphi}_j - \boldsymbol{\varphi}_{j0})$ 是个小量，并有展开式 (2.1.2). 这是因为从公式 (2.1.10)，(2.1.11) 可以看到，只要 λ_{j0} 不是重根，当 ε 足够小时总可以使 $(\boldsymbol{\varphi}_j - \boldsymbol{\varphi}_{j0})$ 的模小于任意给定的一个小量. 但是从实用角度看，工程上总是在处理有限小的而不是无限小的 ε（即有限小的 $\varepsilon\boldsymbol{K}_1$ 和有限小的 $\varepsilon\boldsymbol{M}_1$）. 因此当 λ_{j0} 与相邻的本征值（$\lambda_{(j-1),0}$ 或 $\lambda_{(j+1),0}$）很接近时，$(\boldsymbol{\varphi}_j - \boldsymbol{\varphi}_{j0})$ 比之于 $\boldsymbol{\varphi}_{j0}$ 就不是个小量了. 所以对于这种情况，实用上需要特殊处理. 这个问题的重要性虽然早已觉察，但一直未有妥善的处理办法. 下面我们提出一种新的小参数法[4].

现在设 $\lambda_{i0},\cdots,\lambda_{k0}$ 是原系统的一组很接近的 $(k-i+1)$ 个本征值（允许其中有些本征值相等），而 $\boldsymbol{\varphi}_{i0},\cdots,\boldsymbol{\varphi}_{k0}$ 是相应的本征列阵，记

$$\begin{aligned}\boldsymbol{\Lambda}_0 &= \mathrm{diag}[\lambda_{i0},\cdots,\lambda_{k0}],\\ \boldsymbol{\phi}_0 &= [\boldsymbol{\varphi}_{i0},\cdots,\boldsymbol{\varphi}_{k0}].\end{aligned} \tag{2.3.1}$$

再记参数小变化后对应的本征值和本征列阵为

$$\lambda_j,\ \boldsymbol{\varphi}_j,\ i\leqslant j\leqslant k.$$

为了书写方便和使公式醒目起见，以后有时将省去下标 j 而简写为

$$\lambda=\lambda_j,\quad \boldsymbol{\varphi}=\boldsymbol{\varphi}_j,\ j\text{ 为 } i\sim k \text{ 中的某一个}. \tag{2.3.2}$$

高矩阵 $\boldsymbol{\phi}_0$ 张成了与 $\boldsymbol{\Lambda}_0$ 对应的一个本征子空间．和重本征值的情况类似，当 $\boldsymbol{K}$ 和 $\boldsymbol{M}$ 各从 $\boldsymbol{K}_0$ 和 $\boldsymbol{M}_0$ 增加 $\varepsilon\boldsymbol{K}_1$ 和 $\varepsilon\boldsymbol{M}_1$ 后，本征列阵的变化可能不小，但可以认为新旧两个本征子空间的夹角还是小的．设想把新系统的本征列阵 $\boldsymbol{\varphi}$ 对原有的本征子空间作正交分解

$$\boldsymbol{\varphi}=\boldsymbol{\phi}_0\boldsymbol{a}_0+\delta\boldsymbol{\phi}, \tag{2.3.3}$$

$$\boldsymbol{\phi}_0^T\boldsymbol{M}_0\delta\boldsymbol{\phi}=\boldsymbol{0},\ \boldsymbol{\phi}_0^T\boldsymbol{K}_0\delta\boldsymbol{\phi}=\boldsymbol{0}. \tag{2.3.4}$$

根据上面的说明，$\boldsymbol{a}_0$ 是一个有限的列阵，与 ε 有关，而 $\delta\boldsymbol{\phi}$ 是一个与 ε 同价的小量，所以采用了一阶小量的记法．现在我们先来设法决定 $\boldsymbol{a}_0$．

与新系统对应的变分原理是

$$\lambda=\underset{\boldsymbol{a}_0,\delta\boldsymbol{\phi}}{\mathrm{st}}\frac{(\boldsymbol{\phi}_0\boldsymbol{a}_0+\delta\boldsymbol{\phi})^T(\boldsymbol{K}_0+\varepsilon\boldsymbol{K}_1)(\boldsymbol{\phi}_0\boldsymbol{a}_0+\delta\boldsymbol{\phi})}{(\boldsymbol{\phi}_0\boldsymbol{a}_0+\delta\boldsymbol{\phi})^T(\boldsymbol{M}_0+\varepsilon\boldsymbol{M}_1)(\boldsymbol{\phi}_0\boldsymbol{a}_0+\delta\boldsymbol{\phi})}. \tag{2.3.5}$$

在此公式中略去二阶以上的小量，再利用正交条件 (2.3.4) 后，有

$$\mu=\underset{\boldsymbol{a}_0}{\mathrm{st}}\frac{\boldsymbol{a}_0^T\boldsymbol{\phi}_0^T(\boldsymbol{K}_0+\varepsilon\boldsymbol{K}_1)\boldsymbol{\phi}_0\boldsymbol{a}_0}{\boldsymbol{a}_0^T\boldsymbol{\phi}_0^T(\boldsymbol{M}_0+\varepsilon\boldsymbol{M}_1)\boldsymbol{\phi}_0\boldsymbol{a}_0}. \tag{2.3.6}$$

这里的 μ 是 λ 的一种近似，其精度达到 ε 的一阶小量．将 (2.3.6) 化为代数方程，得到

$$\boldsymbol{\phi}_0^T[\boldsymbol{K}_0+\varepsilon\boldsymbol{K}_1-\mu(\boldsymbol{M}_0+\varepsilon\boldsymbol{M}_1)]\boldsymbol{\phi}_0\boldsymbol{a}_0=0. \tag{2.3.7}$$

新系统的归一条件是

$$(\boldsymbol{\phi}_0\boldsymbol{a}_0+\delta\boldsymbol{\phi})^T(\boldsymbol{M}_0+\varepsilon\boldsymbol{M}_1)(\boldsymbol{\phi}_0\boldsymbol{a}_0+\delta\boldsymbol{\phi})=1. \qquad (2.3.8)$$

略去二阶以上小量，再利用正交条件 (2.3.4) 后，得到与 (2.3.7) 相称的归一条件

$$\boldsymbol{a}_0^T\boldsymbol{\phi}_0^T(\boldsymbol{M}_0+\varepsilon\boldsymbol{M}_1)\boldsymbol{\phi}_0\boldsymbol{a}_0=1. \qquad (2.3.9)$$

从方程 (2.3.7)，(2.3.9) 便可决定 μ 和 $\boldsymbol{a}_0$. 这组方程的本征解有 $(k-i+1)$ 对，可按 μ 从小到大的顺序记为 $(\mu_i, \boldsymbol{a}_{0i}),\cdots,(\mu_k, \boldsymbol{a}_{k0})$.

上面介绍的数学方法在力学上可归结为一句话：在原系统的对应于相近本征值的本征子空间内用里兹法求新系统的近似解. 新旧两个对应的本征子空间既然只夹一小角，那末这样求得的 $\boldsymbol{\varphi}_0\boldsymbol{a}_0$ 就只有一阶小量的误差，从而 μ 只有二阶小量的误差. 上述精度一般已能满足实际需要了. 如果需要更精确的近似解，那末可将高阶小量对 ε 展开

$$\begin{aligned} \lambda_j &= \mu_j + \qquad\qquad \lambda_{j2}\varepsilon^2+\cdots, \\ \boldsymbol{\varphi}_j &= \boldsymbol{\phi}_0\boldsymbol{a}_{j0}+\boldsymbol{\varphi}_{j1}\varepsilon+\boldsymbol{\varphi}_{j2}\varepsilon^2+\cdots, \end{aligned} \qquad (2.3.10)$$

然后用小参数法去决定 $\boldsymbol{\varphi}_{j1}, \lambda_{j2}, \boldsymbol{\varphi}_{j2},\cdots$.

例 考虑如下的三自由度系

$$\boldsymbol{K}_0=\begin{bmatrix}1.00 & 0 & 0\\ 0 & 1.05 & 0\\ 0 & 0 & 2.00\end{bmatrix},\quad \varepsilon\boldsymbol{K}_1=\begin{bmatrix}0 & 0.05 & 0\\ 0.05 & 0 & 0.05\\ 0 & 0.05 & 0\end{bmatrix},$$

$$\boldsymbol{M}_0=\begin{bmatrix}1 & 0 & 0\\ 0 & 1 & 0\\ 0 & 0 & 1\end{bmatrix},\qquad \varepsilon\boldsymbol{M}_1=0,$$

用几种方法计算得到的本征值如下表所示.

		λ_1	λ_2	λ_3
原系统(精确值)		1.0000	1.0500	2.0000
新系统	精确值	0.9684	1.0790	2.0026
	§2.1 的一阶近似	1.0000	1.0500	2.0000
	§2.3 的一阶近似(λ_1 和 λ_2 按相邻本征值处理)	0.9691	1.0809	2.0000

可见采用本征值组的小参数法后，近似值的精度确有很大的提高。

§2.4 弱耦合系统

设想将广义坐标分为两组

$$\boldsymbol{x} = [\boldsymbol{x}_1^T, \boldsymbol{x}_2^T]^T. \tag{2.4.1}$$

对刚度矩阵和质量矩阵也作相应的分块. 这样 §1.1 的基本方程 (1.1.2) 可改写成为

$$\begin{bmatrix} \boldsymbol{K}_{11} - \lambda \boldsymbol{M}_{11}, & \boldsymbol{K}_{12} - \lambda \boldsymbol{M}_{12} \\ \boldsymbol{K}_{21} - \lambda \boldsymbol{M}_{21}, & \boldsymbol{K}_{22} - \lambda \boldsymbol{M}_{22} \end{bmatrix} \begin{bmatrix} \boldsymbol{x}_1 \\ \boldsymbol{x}_2 \end{bmatrix} = 0, \tag{2.4.2}$$

当

$$\boldsymbol{K}_{12} = \boldsymbol{K}_{21}^T = \boldsymbol{0} \tag{2.4.3}$$

时，应变能 Π 可表示为

$$\Pi = \frac{1}{2} \boldsymbol{x}_1^T \boldsymbol{K}_{11} \boldsymbol{x}_1 + \frac{1}{2} \boldsymbol{x}_2^T \boldsymbol{K}_{22} \boldsymbol{x}_2, \tag{2.4.4}$$

$\boldsymbol{x}_1$ 和 $\boldsymbol{x}_2$ 两组坐标在应变能上不耦合. 类似地当

$$\boldsymbol{M}_{12} = \boldsymbol{M}_{21}^T = \boldsymbol{0} \tag{2.4.5}$$

时，动能系数 T 可表示为

$$T = \frac{1}{2} \boldsymbol{x}_1^T \boldsymbol{M}_{11} \boldsymbol{x}_1 + \frac{1}{2} \boldsymbol{x}_2^T \boldsymbol{M}_{22} \boldsymbol{x}_2, \tag{2.4.6}$$

$\boldsymbol{x}_1$ 和 $\boldsymbol{x}_2$ 两组坐标在动能上不耦合. 当 (2.4.3), (2.4.5) 同时成立时，方程 (2.4.2) 可分解为独立无关的两组

$$(\boldsymbol{K}_{11} - \lambda \boldsymbol{M}_{11}) \boldsymbol{x}_1 = \boldsymbol{0}, \tag{2.4.7a}$$

$$(\boldsymbol{K}_{22} - \lambda \boldsymbol{M}_{22}) \boldsymbol{x}_2 = \boldsymbol{0}. \tag{2.4.7b}$$

在这种情况下我们说 $\boldsymbol{x}_1$ 和 $\boldsymbol{x}_2$ 两组坐标不耦合.

当 $\boldsymbol{K}_{12}$, $\boldsymbol{M}_{12}$ 虽然不等于零，但是它们的作用比较小时，$\boldsymbol{x}_1$ 和 $\boldsymbol{x}_2$ 之间的耦合是比较弱的. 这样的系统称为弱耦合系统. 弱耦合系统的固有振动的一个重要特点是，频率和振型接近于不耦合时的情况，因此适宜于用小参数法求近似解.

为了表明 $\boldsymbol{K}_{12}$, $\boldsymbol{M}_{12}$ 是小量，我们把它们改写成为如下形式

$$\boldsymbol{K}_{12} = \varepsilon \boldsymbol{K}_{12}, \quad \boldsymbol{M}_{12} = \varepsilon \boldsymbol{M}_{12}. \tag{2.4.8}$$

在实际作数值计算时取 $\varepsilon = 1$. 这样方程 (2.4.2) 可写成为

$$(\boldsymbol{K}_{11} - \lambda \boldsymbol{M}_{11})\boldsymbol{x}_1 + \varepsilon(\boldsymbol{K}_{12} - \lambda \boldsymbol{M}_{12})\boldsymbol{x}_2 = \boldsymbol{0}, \tag{2.4.9a}$$

$$\varepsilon(\boldsymbol{K}_{21} - \lambda \boldsymbol{M}_{21})\boldsymbol{x}_1 + (\boldsymbol{K}_{22} - \lambda \boldsymbol{M}_{22})\boldsymbol{x}_2 = \boldsymbol{0}. \tag{2.4.9b}$$

这个方程中的刚度矩阵和质量矩阵已经具有了本章的标准形式 (2.1.1)，因此已可采用前三节说明的小参数法求解. 根据本节问题的特点，还可以对上述小参数法作些改进，以加快计算速度.

先考虑一种以 $\boldsymbol{x}_1$ 为主的固有振型. 从方程 (2.4.9b) 可求得

$$\boldsymbol{x}_2 = -\varepsilon(\boldsymbol{K}_{22} - \lambda \boldsymbol{M}_{22})^{-1}(\boldsymbol{K}_{21} - \lambda \boldsymbol{M}_{21})\boldsymbol{x}_1. \tag{2.4.10}$$

将此代入 (2.4.9a)，得到

$$(\boldsymbol{K}_{11} - \lambda \boldsymbol{M}_{11})\boldsymbol{x}_1 - \varepsilon^2(\boldsymbol{K}_{12} - \lambda \boldsymbol{M}_{12})(\boldsymbol{K}_{22} - \lambda \boldsymbol{M}_{22})^{-1}(\boldsymbol{K}_{21} - \lambda \boldsymbol{M}_{21})\boldsymbol{x}_1 = \boldsymbol{0}. \tag{2.4.11}$$

对于这个非线性本征值问题，可以用小参数法求近似解. 为此命[1]

$$\begin{aligned} \lambda &= \lambda'_0 + \lambda'_2\varepsilon^2 + \cdots, \\ \boldsymbol{x}_1 &= \boldsymbol{\varphi}'_0 + \boldsymbol{\varphi}'_2\varepsilon^2 + \cdots. \end{aligned} \tag{2.4.12}$$

将此代入 (2.4.11)，然后取出 ε 的各次幂的系数，可得到一系列的方程，由此可依次决定 λ'_0, $\boldsymbol{\varphi}'_0$, λ'_2, $\boldsymbol{\varphi}'_2\cdots$. 对应于 ε^0 可得到方程

$$(\boldsymbol{K}_{11} - \lambda'_0 \boldsymbol{M}_{11})\boldsymbol{\varphi}'_0 = \boldsymbol{0}. \tag{2.4.13}$$

可见 λ'_0 和 $\boldsymbol{\varphi}'_0$ 是 $\boldsymbol{x}_1$ 从原系统解耦（解除耦合）出来后的本征值和振型.

如果 λ'_0 是单本征值，那末 $\boldsymbol{\varphi}'_0$ 是确定的一列. 如果 λ'_0 是重本征值，那末

$$\boldsymbol{\varphi}'_0 = \boldsymbol{\psi}'_0\boldsymbol{\gamma}_0, \tag{2.4.14}$$

其中 $\boldsymbol{\psi}'_0$ 是由与 λ'_0 对应的各个本征列阵所组成的高矩阵，而 $\boldsymbol{\gamma}_0$ 是一个暂不确定的列阵. 在重本征值的公式中命 $\boldsymbol{\psi}'_0 = \boldsymbol{\varphi}'_0$ 和 $\boldsymbol{\gamma}_0 = 1$，便得到单本征值的公式. 所以下面我们就只列出重本征值的公式.

对于 ε^2 可得到方程

---

1) 上标′和″分别指以 $\boldsymbol{x}_1$ 为主和 $\boldsymbol{x}_2$ 为主的情况. 此外从此公式可见，λ'_0 和 $\boldsymbol{\varphi}'_0$ 已是精确到一阶小量的近似解了.

$$
\begin{aligned}
(\boldsymbol{K}_{11}-\lambda_0'\boldsymbol{M}_{11})\boldsymbol{\varphi}_2' = {} & \lambda_2'\boldsymbol{M}_{11}\boldsymbol{\phi}_0'\boldsymbol{\gamma}_0 + (\boldsymbol{K}_{12}-\lambda_0'\boldsymbol{M}_{12}) \\
& (\boldsymbol{K}_{22}-\lambda_0'\boldsymbol{M}_{22})^{-1}(\boldsymbol{K}_{21}-\lambda_0'\boldsymbol{M}_{21})\boldsymbol{\phi}_0'\boldsymbol{\gamma}_0. \qquad (2.4.15)
\end{aligned}
$$

要此方程有解必须有

$$
\boldsymbol{A}_2'\boldsymbol{\gamma}_0 + \lambda_2'\boldsymbol{B}_2'\boldsymbol{\gamma}_0 = 0, \qquad (2.4.16)
$$

其中

$$
\begin{aligned}
\boldsymbol{A}_2' &= \boldsymbol{\phi}_0'^T(\boldsymbol{K}_{12}-\lambda_0'\boldsymbol{M}_{12})(\boldsymbol{K}_{22}-\lambda_0'\boldsymbol{M}_{22})^{-1}(\boldsymbol{K}_{21}-\lambda_0'\boldsymbol{M}_{21})\boldsymbol{\phi}_0', \\
\boldsymbol{B}_2' &= \boldsymbol{\phi}_0'^T\boldsymbol{M}_{11}\boldsymbol{\phi}_0'. \qquad (2.4.17)
\end{aligned}
$$

方程 (2.4.16) 是关于 $\boldsymbol{\gamma}_0$ 和 λ_2' 的本征值问题.

近似解

$$
\lambda = \lambda_0' + \lambda_2' \qquad (2.4.18)
$$

已具有三阶小量的精度，一般已可满足需要了. 如果要计算更高阶的摄动，原则上可依此法进行下去，但公式十分繁长，这里不作更多的说明了.

对于以 $\boldsymbol{x}_2$ 为主的固有频率和振型，可得到类似的公式，只要把以上公式中字母上的 ′ 改为 ″，并交换一下字母下标 1 和 2 的位置.

如果原系统确实是 $\boldsymbol{x}_1$ 和 $\boldsymbol{x}_2$ 的弱耦合系统，那末公式 (4.18) 中的第二项应远小于第一项. 为此必须满足下列两个条件：(1) $\boldsymbol{K}_{12}$ 和 $\boldsymbol{M}_{12}$ 中的元相对来说应远小于 $\boldsymbol{K}_{11}$，$\boldsymbol{K}_{22}$，$\boldsymbol{M}_{11}$，$\boldsymbol{M}_{22}$ 中的元；(2) 解耦后 $\boldsymbol{x}_1$ 和 $\boldsymbol{x}_2$ 两组坐标的本征值不靠近. 不然的话

$$
(\boldsymbol{K}_{22}-\lambda_0'\boldsymbol{M}_{22})^{-1} \text{ 和 } (\boldsymbol{K}_{11}-\lambda_0''\boldsymbol{M}_{11})^{-1}
$$

中的元就可能是相当大的量，从而导致上述第二项不是小量. 这第二个必要条件与 §2.2，§2.3 两节的结论是一致的.

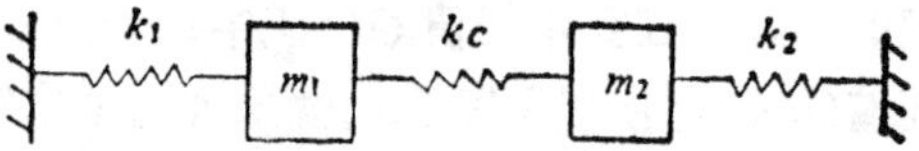

图 2.4.1

作为一个例子，考虑如图 2.4.1 所示的二质量三弹簧系统，它是由弹簧 k_c 耦合两个单自由度系统而形成的. 此系统的运动方程

是

$$\begin{bmatrix} k_1 + k_c - \lambda m_1, & -k_c \\ -k_c, & k_2 + k_c - \lambda m_2 \end{bmatrix} \begin{bmatrix} x_1 \\ x_2 \end{bmatrix} = 0. \qquad (2.4.19)$$

此系统的两个本征值是(精确解)

$$\lambda = \frac{1}{2}\left\{\lambda_0' + \lambda_0'' \pm (\lambda_0' - \lambda_0'')\sqrt{1 + \frac{\frac{4k_c^2}{m_1 m_2}}{(\lambda_0' - \lambda_0'')^2}}\right\}, \qquad (2.4.20)$$

其中

$$\lambda_0' = \frac{k_1 + k_c}{m_1}, \quad \lambda_0'' = \frac{k_2 + k_c}{m_2}. \qquad (2.4.21)$$

当

$$\frac{\frac{4k_c^2}{m_1 m_2}}{(\lambda_0' - \lambda_0'')^2} \ll 1 \qquad (2.4.22)$$

时，公式 (2.4.20) 可简化为

$$\lambda = \frac{1}{2}\left\{\lambda_0' + \lambda_0'' \pm (\lambda_0' - \lambda_0'') \pm \frac{\frac{2k_c^2}{m_1 m_2}}{\lambda_0' - \lambda_0''}\right\}. \qquad (2.4.23)$$

不难验证，这个简化的近似结果与公式 (2.4.16)，(2.4.18) 给出的相同. 从条件 (2.4.22) 可以看到，要使近似公式成立，除了 k_c 应相当小以外，还必须 λ_0' 与 λ_0'' 不很靠近.

§ 2.5　刚度悬殊的结构

有些结构的质量分布比较均匀，但是刚度分布十分悬殊. 例如考虑图 2.4.1 所示的系统，当 m_1 和 m_2 为同量级而 k_c 远大于 k_1 和 k_2 时，便属于这类系统. 当 $k_c \to \infty$ 时，图 2.4.1 所示系统的两个本征值各趋于

$$\lambda_1 \to \frac{k_1 + k_2}{m_1 + m_2}, \quad \lambda_2 \to k_c\left(\frac{1}{m_1} + \frac{1}{m_2}\right).$$

一个保持为有限值，另一个趋于无穷大，分成了明显的高低两个.

对于一般的多自由度结构系统，当其中的某些零部件接近刚体时，也会出现类似的现象，即它的固有频率可分为明显的高低两组。为了有效地计算刚度悬殊结构的固有频率，可先把其中特定的部件看作刚体，而后在此基础上用奇异摄动法进行摄动。

考虑如下的一般性问题

$$\left[\left(\boldsymbol{K}_0 + \frac{1}{\varepsilon}\boldsymbol{K}_r\right) - \lambda \boldsymbol{M}\right]\boldsymbol{x} = \boldsymbol{0}, \tag{2.5.1}$$

$$\boldsymbol{x}^T\boldsymbol{M}\boldsymbol{x} = 1, \tag{2.5.2}$$

其中 ε 是一个小参数. $\frac{1}{\varepsilon}\boldsymbol{K}_r$ 是由接近刚体的结构部件所提供的刚度矩阵，$\boldsymbol{K}_0$ 是由其余的结构部件所提供的刚度矩阵. $\boldsymbol{K}_r$ 是一个奇异矩阵，不然的话当 $\varepsilon \to 0$ 时就没有有限的本征值了. 命齐次方程

$$\boldsymbol{K}_r\boldsymbol{x} = \boldsymbol{0} \tag{2.5.3}$$

的通解是

$$\boldsymbol{x} = \boldsymbol{\phi}_\infty\boldsymbol{\xi},\ \boldsymbol{\phi}_\infty^T\boldsymbol{M}\boldsymbol{\phi}_\infty = \boldsymbol{I}, \tag{2.5.4}$$

其中 $\boldsymbol{\phi}_\infty$ 是解空间中的一组正交基，$\boldsymbol{\xi}$ 是一个任意的列阵.

对于保持有限的那一组本征值及相应的本征列阵，有如下的展开式

$$\begin{aligned} \lambda_j &= \lambda_{j0} + \lambda_{j1}\varepsilon + \lambda_{j2}\varepsilon^2 + \cdots, \\ \boldsymbol{\varphi}_j &= \boldsymbol{\varphi}_{j0} + \boldsymbol{\varphi}_{j1}\varepsilon + \boldsymbol{\varphi}_{j2}\varepsilon^2 + \cdots. \end{aligned} \tag{2.5.5}$$

将此代入方程 (2.5.1), (2.5.2)，命 ε 的各次幂的系数等于零，得到如下的一系列问题. 从 ε^{-1} 的系数得到

$$\boldsymbol{K}_r\boldsymbol{\varphi}_{j0} = \boldsymbol{0}. \tag{2.5.6}$$

解此方程得到

$$\boldsymbol{\varphi}_{j0} = \boldsymbol{\phi}_\infty\boldsymbol{\xi}_{j0}. \tag{2.5.7}$$

列阵 $\boldsymbol{\xi}_{j0}$ 暂时是不确定的.

从方程 (2.5.1), (2.5.2) 的 ε^0 的系数得到

$$\boldsymbol{K}_r\boldsymbol{\varphi}_{j1} = -(\boldsymbol{K}_0 - \lambda_{j0}\boldsymbol{M})\boldsymbol{\phi}_\infty\boldsymbol{\xi}_{j0}, \tag{2.5.8a}$$

$$\boldsymbol{\xi}_{j0}^T\boldsymbol{\xi}_{j0} = 1. \tag{2.5.8b}$$

要使方程 (2.5.8a) 有解，必须有

$$(\bar{\boldsymbol{K}}_0 - \lambda_{j0}\boldsymbol{M})\boldsymbol{\xi}_{j0} = \boldsymbol{0}, \tag{2.5.9}$$

其中

$$\bar{\boldsymbol{K}}_0 = \boldsymbol{\phi}_\infty^T \boldsymbol{K}_0 \boldsymbol{\phi}_\infty,\ \boldsymbol{M} = \boldsymbol{\phi}_\infty^T \boldsymbol{M} \boldsymbol{\phi}_\infty = \boldsymbol{I}. \tag{2.5.10}$$

方程 (2.5.9) 实质上是一个按里兹法降阶的本征值问题. 这个本征值问题可能有重本征值. 但是为了简单起见，下面仅限于讨论 λ_{j0} 是单本征值的情况. 在这种情况下，方程 (2.5.9) 汇同归一条件 (2.5.8b) 便能唯一地决定 $\boldsymbol{\xi}_{j0}$ 了. 这样决定 λ_{j0} 和 $\boldsymbol{\xi}_{j0}$ 后，方程 (2.5.8a) 便有解了. 具体解法和前几节的同类问题相同，这里不再赘述. 现在把方程 (2.5.8a) 的解表示为

$$\boldsymbol{\varphi}_{j1} = \boldsymbol{\phi}_\infty \boldsymbol{\xi}_{j1} + \boldsymbol{\varphi}_{j1}^p, \tag{2.5.11}$$

此式中的第一项是齐次方程的通解，$\boldsymbol{\xi}_{j1}$ 是一个待定的列阵；第二项是方程 (2.5.8a) 的一个特解. 为了以后方便起见，我们要求特解还满足下列条件

$$\boldsymbol{\phi}_\infty^T \boldsymbol{M} \boldsymbol{\varphi}_{j1}^p = 0. \tag{2.5.12}$$

从方程 (2.5.1), (2.5.2) 的 ε 的系数得到

$$\boldsymbol{K}_r \boldsymbol{\varphi}_{j2} = -(\boldsymbol{K}_0 - \lambda_{j0}\boldsymbol{M})(\boldsymbol{\phi}_\infty \boldsymbol{\xi}_{j1} + \boldsymbol{\varphi}_{j1}^p) + \lambda_{j1}\boldsymbol{M}\boldsymbol{\phi}_\infty \boldsymbol{\xi}_{j0}, \tag{2.5.13a}$$

$$\boldsymbol{\xi}_{j0}^T \boldsymbol{\xi}_{j1} = 0. \tag{2.5.13b}$$

要使方程 (2.5.13a) 有解，必须有

$$-\boldsymbol{\phi}_\infty^T(\boldsymbol{K}_0 - \lambda_{j0}\boldsymbol{M})(\boldsymbol{\phi}_\infty \boldsymbol{\xi}_{j1} + \boldsymbol{\varphi}_{j1}^p) + \lambda_{j1}\boldsymbol{\phi}_\infty^T \boldsymbol{M}\boldsymbol{\phi}_\infty \boldsymbol{\xi}_{j0} = 0,$$

即

$$(\bar{\boldsymbol{K}}_0 - \lambda_{j0}\boldsymbol{M})\boldsymbol{\xi}_{j1} = \lambda_{j1}\boldsymbol{\xi}_{j0} - \boldsymbol{\phi}_\infty^T \boldsymbol{K}_0 \boldsymbol{\varphi}_{j1}^p. \tag{2.5.14}$$

进一步要此方程有解，又必须有

$$\lambda_{j1}\boldsymbol{\xi}_{j0}^T \boldsymbol{\xi}_{j0} - \boldsymbol{\xi}_{j0}^T \boldsymbol{\phi}_\infty^T \boldsymbol{K}_0 \boldsymbol{\varphi}_{j1}^p = 0,$$

由此得到

$$\lambda_{j1} = \boldsymbol{\xi}_{j0}^T \boldsymbol{\phi}_\infty^T \boldsymbol{K}_0 \boldsymbol{\varphi}_{j1}^p. \tag{2.5.15}$$

按上式确定 λ_{j1} 后，方程 (2.5.14), (2.5.13b) 便唯一地决定了 $\boldsymbol{\xi}_{j1}$. 具体的解法也与前几节同类的问题相同，这里不再赘述. 当 λ_{j1} 和 $\boldsymbol{\xi}_{j1}$ 按上述要求决定之后，方程 (2.5.13a) 便有解了. 这个解可表

示为

$$\boldsymbol{\varphi}_{j2}=\boldsymbol{\phi}_{\infty}\boldsymbol{\xi}_{j2}+\boldsymbol{\varphi}_{j2}^{p}, \tag{2.5.16}$$

此式中的第一项是齐次方程的通解，ξ_{j2} 是一个待定的列阵；第二项是方程(2.5.13a)的一个特解. 再接下去求 λ_{j2}, $\boldsymbol{\xi}_{j2}$, $\cdots$ 的方法和前面所说的类似，不再细述.

上面说明的方法是代数本征值问题中的奇异摄动法.

对于趋于无穷大的那组本征值和相应的本征列阵，情况反而要简单些. 作一简单的变换

$$\lambda=\frac{\mu}{\varepsilon}, \tag{2.5.17}$$

方程(2.5.1)就化为

$$[(\boldsymbol{K}_r+\varepsilon\boldsymbol{K}_0)-\mu\boldsymbol{M}]\boldsymbol{x}=\boldsymbol{0}. \tag{2.5.18}$$

这是一个刚度矩阵有小变化的问题，可以用§2.1～§2.3说明的方法求近似解. 这里不再赘述.

§ 2.6 质量悬殊的结构

有些结构的刚度分布比较均匀，但质量分布却十分悬殊. 特别是当有些自由度的质量趋于零时，根据§1.1的说明，有一部份固有频率趋于无穷大，而另一部份固有频率保持为有限. 这样，固有频率又分成了明显的高低两组. 为了有效地计算质量悬殊结构的固有频率，可先略去特定结构部件的质量，而后在此基础上进行摄动.

考虑如下的一般性问题1)

$$[\boldsymbol{K}-\lambda(\boldsymbol{M}_0+\varepsilon\boldsymbol{M}_1)]\boldsymbol{x}=\boldsymbol{0}, \tag{2.6.1}$$

其中 ε 是一个小参数，$\varepsilon\boldsymbol{M}_1$ 是由质量很小的部件所提供的质量矩阵，$\boldsymbol{M}_0$ 是由其余的部件所提供的质量矩阵. $\boldsymbol{M}_0$ 是一个奇异矩阵，不然的话，当 $\varepsilon\to 0$ 时就没有无穷大的本征值了.

对于保持有限的那一组本征值及相应的本征列阵，这是一般

---

1) Porter-Hibbert[13] 讨论过 $\boldsymbol{M}_0$ 和 $\boldsymbol{M}_1$ 正好是互不耦合的分块对角矩阵的特殊情况.

的质量矩阵有小变化的问题，可以用 §2.1～§2.3 说明的常规的小参数法求近似解．这里不再赘述．

对于趋于无穷大的那一组本征值和相应的本征列阵，可命

$$\lambda = \frac{1}{\mu}, \quad \mu = \frac{1}{\lambda}. \tag{2.6.2}$$

这样方程 (6.1) 变换为

$$(\boldsymbol{M}_0 + \varepsilon \boldsymbol{M}_1 - \mu \boldsymbol{K})\boldsymbol{x} = 0. \tag{2.6.3}$$

当 $\varepsilon \to 0$ 时 $\mu \to 0$，因此问题转化为决定零本征值随小参数的变化．这又是一个常规的问题，可以用 §2.1～§2.3 说明的小参数法求近似解．

§ 2.7　刚度小变化对柔度的影响

子空间迭代法是固有振动分析中常用的方法．如果原问题是用子空间迭代法求解的，那末修改后的问题也适宜于用这个方法．子空间迭代法的核心问题是求柔度矩阵和设定迭代初始列阵．设原问题的柔度矩阵 $\boldsymbol{F}_0$ 已经求得：

$$\boldsymbol{F}_0 = \boldsymbol{K}_0^{-1}. \tag{2.7.1}$$

修改后结构的柔度矩阵为

$$\boldsymbol{F} = (\boldsymbol{K}_0 + \varepsilon \boldsymbol{K}_1)^{-1}. \tag{2.7.2}$$

将此式对 ε 展开，得到

$$\boldsymbol{F} = \boldsymbol{F}_0 + \boldsymbol{F}_1\varepsilon + \boldsymbol{F}_2\varepsilon^2 + \cdots, \tag{2.7.3}$$

其中

$$\boldsymbol{F}_n = -\boldsymbol{F}_{n-1}\boldsymbol{K}_1\boldsymbol{F}_0 \tag{2.7.4}$$

当 ε 很小时，取级数的前两三项就有足够的精度了．

原问题中已求得的本征列阵可作为新问题中的迭代初始列阵．

本节说明的子空间迭代法和前几节介绍的小参数法各有优

缺点．在前几节的方法中，保留 ε 而不采用具体数值，因此便于计算或探讨 ε 取一系列值时的变化规律．缺点是要区别对待孤立本征值，重本征值、本征值组等一系列可能发生的情况．本节方法的优缺点正好相反．它的优点是公式简单通用．但是为了能进行数值迭代，ε 只能取指定的数值．这是它的缺点．

§2.8 刚度局部修改对静动柔度的影响

设原已有一个 N 自由度弹性结构，它的坐标列阵、刚度矩阵和质量矩阵分别记为 $\boldsymbol{x}$, $\boldsymbol{K}_0$, $\boldsymbol{M}_0$．现在对此结构的刚度作一些局部性的修改而得到一个新结构．新结构的质量矩阵仍为 $\boldsymbol{M}_0$，而它的刚度矩阵记为 $\boldsymbol{K}$：

$$\boldsymbol{K} = \boldsymbol{K}_0 + \boldsymbol{K}_1. \tag{2.8.1}$$

$\boldsymbol{K}_1$ 是刚度矩阵的增量．所谓局部修改，是指对结构的一小部份进行修改．这一小部份以后就称为被修改的部件．设修改共涉及 n 个弹性自由度．命与这些弹性自由度相应的应变为 $\boldsymbol{\varepsilon}$, $\boldsymbol{\varepsilon}$ 是一个 n 维列阵．广义应变必是广义位移的线性函数，所以通过对具体结构作具体的分析，总能够建立如下的应变-位移关系

$$\boldsymbol{\varepsilon} = \boldsymbol{a}^T\boldsymbol{x}, \tag{2.8.2}$$

式中 $\boldsymbol{a}$ 是一个 $N \times n$ 的高矩阵．这样，被修改部件的应变能 Π_m 是

$$\Pi_m = \frac{1}{2}\boldsymbol{\varepsilon}^T(\boldsymbol{k}_m + \boldsymbol{k})\boldsymbol{\varepsilon}, \tag{2.8.3}$$

其中 $\boldsymbol{k}_m$ 和 $(\boldsymbol{k}_m + \boldsymbol{k})$ 分别是修改前后的局部刚度矩阵，$\boldsymbol{k}$ 是局部刚度的修改量．刚度可以改大，也可以改小，所以 $\boldsymbol{k}$ 不一定是正定的．但总可以认为 $\boldsymbol{k}$ 是非奇异的．因为如果 $\boldsymbol{k}$ 是奇异矩阵，那末齐次方程

$$\boldsymbol{k}\boldsymbol{\varepsilon} = \boldsymbol{0}$$

便有非零解．这表明当初所选的 $\boldsymbol{\varepsilon}$ 的维数偏大，可以再降下来．降到最低限度后，$\boldsymbol{k}$ 就变成非奇异的了．Π_m 对整个结构的刚度矩阵的贡献是

$$\boldsymbol{K}_m = \boldsymbol{a}(\boldsymbol{k}_m + \boldsymbol{k})\boldsymbol{a}^T. \tag{2.8.4}$$

由此可见,局部刚度的修改量 $\boldsymbol{k}$ 对总刚度矩阵的贡献是

$$\boldsymbol{K}_1 = \boldsymbol{aka}^T. \tag{2.8.5}$$

在前几节的小参数法中,我们假定 $\boldsymbol{K}_1$ 是个小量,但可以是满秩的.在本节介绍的局部修改法中,$\boldsymbol{K}_1$ 可以不是小量.但是只有当 $\boldsymbol{K}_1$ 高度缺秩(即 $\boldsymbol{k}$ 的阶数 n 远小于 N)时此法才较为便利.

下面我们来求新结构的动柔度矩阵

$$\boldsymbol{R}(\lambda) = (\boldsymbol{K}_0 + \boldsymbol{K}_1 - \lambda\boldsymbol{M}_0)^{-1}, \tag{2.8.6}$$

假定原结构的动柔度矩阵

$$\boldsymbol{R}_0(\lambda) = (\boldsymbol{K}_0 - \lambda\boldsymbol{M}_0)^{-1} \tag{2.8.7}$$

已经求得.

为此我们来考虑新结构的强迫振动问题

$$(\boldsymbol{K}_0 + \boldsymbol{aka}^T - \lambda\boldsymbol{M}_0)\boldsymbol{x} = \boldsymbol{f}. \tag{2.8.8}$$

借用广义应变 $\boldsymbol{\varepsilon}$,上式可改写成为

$$(\boldsymbol{K}_0 - \lambda\boldsymbol{M}_0)\boldsymbol{x} + \boldsymbol{ak\varepsilon} = \boldsymbol{f}. \tag{2.8.9}$$

由此可解出 $\boldsymbol{x}$:

$$\boldsymbol{x} = \boldsymbol{R}_0(\lambda)\boldsymbol{f} - \boldsymbol{R}_0(\lambda)\boldsymbol{ak\varepsilon}. \tag{2.8.10}$$

将此代回 (2.8.2) 式,得

$$\boldsymbol{\varepsilon} = \boldsymbol{a}^T\boldsymbol{R}_0(\lambda)\boldsymbol{f} - \boldsymbol{a}^T\boldsymbol{R}_0(\lambda)\boldsymbol{ak\varepsilon}. \tag{2.8.11}$$

用 $\boldsymbol{k}$ 前乘此式(前已说明 $\boldsymbol{k}$ 为非奇异),然后移项,有

$$[\boldsymbol{k} + \boldsymbol{ka}^T\boldsymbol{R}_0(\lambda)\boldsymbol{ak}]\boldsymbol{\varepsilon} = \boldsymbol{ka}^T\boldsymbol{R}_0(\lambda)\boldsymbol{f},$$

由此可求得

$$\boldsymbol{\varepsilon} = [\boldsymbol{k} + \boldsymbol{ka}^T\boldsymbol{R}_0(\lambda)\boldsymbol{ak}]^{-1}\boldsymbol{ka}^T\boldsymbol{R}_0(\lambda)\boldsymbol{f}. \tag{2.8.12}$$

将此式代入 (2.8.10) 式,得到

$$\boldsymbol{x} = \{\boldsymbol{R}_0(\lambda) - \boldsymbol{R}_0(\lambda)\boldsymbol{ak}[\boldsymbol{k} + \boldsymbol{ka}^T\boldsymbol{R}_0(\lambda)\boldsymbol{ak}]^{-1}\boldsymbol{ka}^T\boldsymbol{R}_0(\lambda)\}\boldsymbol{f}. \tag{2.8.13}$$

对比 (2.8.8),(2.8.13) 两式可见,新系统的动柔度矩阵为

$$\boldsymbol{R}(\lambda) = \boldsymbol{R}_0(\lambda) - \boldsymbol{R}_0(\lambda)\boldsymbol{ak}[\boldsymbol{k} + \boldsymbol{ka}^T\boldsymbol{R}_0(\lambda)\boldsymbol{ak}]^{-1}\boldsymbol{ka}^T\boldsymbol{R}_0(\lambda). \tag{2.8.14}$$

在此式中命 $\lambda = 0$ 即可得到新结构的(静)柔度矩阵.

下面来讨论两种极端情况．第一种是在一个弹性自由度上修改刚度．这时 $\boldsymbol{a}$ 只有一列，$\boldsymbol{k}$ 和 $\boldsymbol{a}^T\boldsymbol{R}_0(\lambda)\boldsymbol{a}$ 都是标量，因此公式 (2.8.14) 简化为

$$\boldsymbol{R}(\lambda) = \boldsymbol{R}_0(\lambda) - \frac{k\boldsymbol{R}_0(\lambda)\boldsymbol{a}\boldsymbol{a}^T\boldsymbol{R}_0(\lambda)}{1 + k\boldsymbol{a}^T\boldsymbol{R}_0(\lambda)\boldsymbol{a}}. \qquad (2.8.15)$$

第二种极端情况是对原系统施加 n 个约束

$$\boldsymbol{a}^T\boldsymbol{x} = 0. \qquad (2.8.16)$$

这就是把原来的 n 个弹性自由度修改为不可变形的．这样的新结构可以叫做部份约束(刚化)结构．这种极端情况可以看作局部增加刚度($\boldsymbol{k}$ 正定)的极限．在公式 (2.8.14) 中命 $\boldsymbol{k} \to \infty$，就可得到部份约束结构的动柔度矩阵 $\boldsymbol{R}_r(\lambda)$ 为

$$\boldsymbol{R}_r(\lambda) = \boldsymbol{R}_0(\lambda) - \boldsymbol{R}_0(\lambda)\boldsymbol{a}[\boldsymbol{a}^T\boldsymbol{R}_0(\lambda)\boldsymbol{a}]^{-1}\boldsymbol{a}^T\boldsymbol{R}_0(\lambda). \qquad (2.8.17)$$

在任意的外载荷 $\boldsymbol{f}$ 作用下，部份约束结构的位移 $\boldsymbol{x}_r$ 是

$$\boldsymbol{x}_r = \boldsymbol{R}_r(\lambda)\boldsymbol{f}. \qquad (2.8.18)$$

不难验证，上式给出的 $\boldsymbol{x}_r$ 确实满足约束条件 (2.8.16)．命约束提供的反力为 $\boldsymbol{f}_r$．如果把 $\boldsymbol{f}_r$ 看作施加在原结构上的载荷，那末新结构的振动方程可在原结构的基础上写成为

$$(\boldsymbol{K}_0 - \lambda\boldsymbol{M}_0)\boldsymbol{x}_r = \boldsymbol{f} + \boldsymbol{f}_r. \qquad (2.8.19)$$

由此可求得

$$\boldsymbol{f}_r = \boldsymbol{f} - \boldsymbol{R}_0^{-1}(\lambda)\boldsymbol{R}_r(\lambda)\boldsymbol{f} = \boldsymbol{a}[\boldsymbol{a}^T\boldsymbol{R}_0(\lambda)\boldsymbol{a}]^{-1}\boldsymbol{a}^T\boldsymbol{R}_0(\lambda)\boldsymbol{f}. \qquad (2.8.20)$$

公式 (2.8.18) 和 (2.8.20) 给出的位移和反力在任何情况下(即对于任意的 $\boldsymbol{f}$) 都不作功．这是刚性反作用力所必有的特性．

§ 2.9　质量局部修改对动柔度的影响

设原有一个 N 自由度的弹性结构，它的坐标列阵、刚度矩阵和质量矩阵分别记为 $\boldsymbol{x}$，$\boldsymbol{K}_0$ 和 $\boldsymbol{M}_0$．现在对此结构的质量作一些局部性的修改而得到一个新结构．新结构的刚度矩阵仍为 $\boldsymbol{K}_0$，而它的质量矩阵记为 $\boldsymbol{M}$：

$$\boldsymbol{M} = \boldsymbol{M}_0 + \boldsymbol{M}_1. \tag{2.9.1}$$

$\boldsymbol{M}_1$ 是质量矩阵的增量. 和上节类似，所谓质量的局部修改，是指质量矩阵的增量 $\boldsymbol{M}_1$ 可表达为

$$\boldsymbol{M}_1 = \boldsymbol{\beta m \beta}^T, \tag{2.9.2}$$

其中 $\boldsymbol{m}$ 是一个低阶的非奇异矩阵.

为了推导新结构的动柔度矩阵

$$\boldsymbol{R}(\lambda) = (\boldsymbol{K}_0 - \lambda\boldsymbol{M}_0 - \lambda\boldsymbol{M}_1)^{-1}, \tag{2.9.3}$$

我们再来考虑新结构的强迫振动问题

$$(\boldsymbol{K}_0 - \lambda\boldsymbol{M}_0 - \lambda\boldsymbol{\beta m\beta}^T)\boldsymbol{x} = \boldsymbol{f}. \tag{2.9.4}$$

仿照 (2.8.2) 式引进中间变量

$$\boldsymbol{u} = \boldsymbol{\beta}^T\boldsymbol{x}. \tag{2.9.5}$$

$\boldsymbol{u}$ 是一种新的低维的广义位移. 原结构经修改后，动能系数的增量 T_m 可用 $\boldsymbol{u}$ 表达为

$$T_m = \frac{1}{2}\boldsymbol{u}^T\boldsymbol{m u}. \tag{2.9.6}$$

借用 $\boldsymbol{u}$, 方程 (2.9.4) 可改写成为

$$(\boldsymbol{K}_0 - \lambda\boldsymbol{M}_0)\boldsymbol{x} - \lambda\boldsymbol{\beta m u} = \boldsymbol{f}. \tag{2.9.7}$$

由此可解出 $\boldsymbol{x}$:

$$\boldsymbol{x} = \boldsymbol{R}_0(\lambda)\boldsymbol{f} + \lambda\boldsymbol{R}_0(\lambda)\boldsymbol{\beta m u}. \tag{2.9.8}$$

这里 $\boldsymbol{R}_0(\lambda)$ 仍代表原结构的动柔度矩阵. 将 (2.9.8) 式代回 (2.9.5) 式，得

$$\boldsymbol{u} = \boldsymbol{\beta}^T\boldsymbol{R}_0(\lambda)\boldsymbol{f} + \lambda\boldsymbol{\beta}^T\boldsymbol{R}_0(\lambda)\boldsymbol{\beta m u}. \tag{2.9.9}$$

用 $\boldsymbol{m}$ 前乘此式，然后移项，有

$$[\boldsymbol{m} - \lambda\boldsymbol{m\beta}^T\boldsymbol{R}_0(\lambda)\boldsymbol{\beta m}]\boldsymbol{u} = \boldsymbol{m\beta}^T\boldsymbol{R}_0(\lambda)\boldsymbol{f},$$

由此可求得

$$\boldsymbol{u} = [\boldsymbol{m} - \lambda\boldsymbol{m\beta}^T\boldsymbol{R}_0(\lambda)\boldsymbol{\beta m}]^{-1}\boldsymbol{m\beta}^T\boldsymbol{R}_0(\lambda)\boldsymbol{f}. \tag{2.9.10}$$

将此代入公式 (2.9.8)，得到

$$\begin{aligned}\boldsymbol{x} = \{&\boldsymbol{R}_0(\lambda) + \lambda\boldsymbol{R}_0(\lambda)\boldsymbol{\beta m}[\boldsymbol{m} \\ &- \lambda\boldsymbol{m\beta}^T\boldsymbol{R}_0(\lambda)\boldsymbol{\beta m}]^{-1}\boldsymbol{m\beta}^T\boldsymbol{R}_0(\lambda)\}\boldsymbol{f}.\end{aligned} \tag{2.9.11}$$

对比 (2.9.4), (2.9.11) 两式，可见新系统的动柔度矩阵为

$$R(\lambda) = R_0(\lambda) + \lambda R_0(\lambda)\beta m[m - \lambda m\beta^T R_0(\lambda)\beta m]^{-1} m\beta^T R_0(\lambda). \qquad (2.9.12)$$

如果只在一个自由度上修改质量，那末 β 只有一列，而 m 和 $\beta^T R_0(\lambda)\beta$ 都是标量，因而公式 (2.9.12) 简化为

$$R(\lambda) = R_0(\lambda) + \frac{\lambda m R_0(\lambda)\beta\beta^T R_0(\lambda)}{1 - \lambda m\beta^T R_0(\lambda)\beta}. \qquad (2.9.13)$$

参 考 文 献

[1] 陈塑寰，退化系统振动分析的矩阵摄动法，吉林工业大学学报，1981 年，第 4 期，第 11 页.

[2] 胡海昌，参数小变化对本征值的影响，力学与实践，1981 年，第 2 期，第 29 页.

[3] 胡海昌，弹性力学的变分原理及其应用，科学出版社，1981 年.

[4] 胡海昌，参数小变化对结构固有振动的影响，上海市力学学会印，1983 年 1 月.

[5] 张德文、王龙生，对 Chen 的矩阵摄动法的补充，宇航学报，1983 年，第 2 期，第 63 页.

[6]* Arora, J. S., Survey of Structural Reanalysis Techniques, *Journal of Structural Division, Proc. ASCE*, v. 102, n. ST4, p. 783, 1976.

[7] Bellman, R. E., Introduction to Matrix Analysis, McGraw-Hill, 1960.

[8] Chen, J. C. and Wada, B. K., Matrix Perturbation for Structural Dynamics, *AIAA Journal*, v. 15, n. 8, p. 1095, 1977.

[9] Fox, R. L. and Kapoor, M. P., Rates of Change of Eigenvalues and Eigenvectors, *AIAA Journal*, v. 6, n. 12, p. 2426, 1968.

[10] Haug, E. J. and Rousselet, B., Design Sensitivity Analysis in Structural Dynamics, II, Eigenvalue Variations, *Journal of Structural Mechanics*, v. 8, n. 2, p. 161, 1980.

[11] Jacobi, C. G. J., *Crelle's Journal für die Reine und Angewandte Mathematik*, bd 30, s. 51, 1846.

[12] Nelson, R. B., Simplified Calculation of Eigenvector Derivatives, *AIAA Journal*, v. 14, n. 9, p. 1201, 1976.

[13] Porter, B. and Hibbert, J. H., Singular Perturbation Analysis of Linear Vibrating Systems, *Journal of Mechanical Engineering Science*, v. 17, n. 2, p. 114, 1975.

[14] Wittrick, W. H., Rates of Changes of Eigenvalues with References to Buckling and Vibration Problems, *Journal of the Royal Aeronautical Society*, v. 66, n. 621, p. 590, 1960.

第三章　本征值的包含定理和计数定理

§ 3.1　Collatz 的包含定理

对于大多数实际问题，人们难于求得本征值的精确值而只能求得近似值. 这样无论从实用上或从理论上考虑，都希望能给出近似值的误差估计，即给出本征值的上下限. 现在已经有了许多种有效的求本征值的近似方法，但求上下限的方法仍然为数不多. 其中一种比较常用的办法是利用 Collatz[14],[15] 的包含定理.

先来考虑 N 阶实对称正定或半正定矩阵 $\boldsymbol{A}$ 的标准本征值问题

$$\boldsymbol{A}\boldsymbol{x}-\lambda\boldsymbol{x}=\boldsymbol{0}. \tag{3.1.1}$$

命 $\boldsymbol{x}$ 是一个适当选取的列阵. 命

$$\boldsymbol{A}\boldsymbol{x}=\boldsymbol{y}=[y_1, y_2, \cdots, y_N]^+. \tag{3.1.2}$$

再记

$$l_j=\frac{y_j}{x_j},\ \lambda^-=\min_j l_j,\ \lambda^+=\max_j l_j. \tag{3.1.3}$$

Collatz[14],[15] 的包含定理断定，在区间

$$\lambda^-\leqslant\lambda\leqslant\lambda^+ \tag{3.1.4}$$

内至少有一个本征值.

上述包含定理的证明可见本书 § 3.4，它的应用实例可见专著 [15], [16]. 下面援引专著 [16] 第 112 页上的一个例子，考虑下列矩阵的标准本征值问题

$$\boldsymbol{A}=\begin{bmatrix} 5.00000, & -1.41420, & 0 \\ -1.41420, & 1.50000, & -0.40820 \\ 0, & -0.40820, & 0.33333 \end{bmatrix}, \tag{3.1.5}$$

设已用某种方法求得了三个本征列阵的近似解如表 1.1 的第一行所示. 根据 Collatz 的包含定理可得到三个本征值的上下限如第 4 行所示. 表中第 5—10 行是根据 §3.2 的更精细的包含定理所得到的结果(详见该节).

表 3.1.1 矩阵 (3.1.5) 的各种近似的本征值

序号		第 1 阶	第 2 阶	第 3 阶
1	x	0.13000 0.44000 1.00000	0.37000 1.00000 −0.48000	1.00000 −0.35000 0.03000
2	y	0.02775 0.06795 0.15372	0.43580 1.17268 −0.56820	5.49497 −1.95145 0.15287
3	l	0.2135 0.1544 0.1537	1.1778 1.1727 1.1837	5.4950 5.5756 5.0957
4	Collatz λ^+ λ^-	0.2135 0.1537	1.1837 1.1727	5.5756 5.0957
5	λ_R	0.1547	1.175063	5.50344
6	λ_q	0.1550	1.175078	5.50358
7	最近比值 λ^+ λ^-	0.1618 0.1482	1.1793 1.1709	5.5313 5.4758
8	最小差距 λ^+ λ^-	0.1615 0.1478	1.1793 1.1709	5.5312 5.4757
9	利用 λ_{i+1}^- 的 λ^-	0.1547	1.1751	
10	利用 λ_{i-1}^+ 的 λ^+		1.1751	5.5036

Collatz 包含定理特别适用于判定用迭代法得到的近似解的精度. 常用的迭代格式是

$$\boldsymbol{x}^{(n+1)} = \boldsymbol{A}\boldsymbol{x}^{(n)} \quad 或 \quad \boldsymbol{x}^{(n+1)} = \boldsymbol{A}^{-1}\boldsymbol{x}^{(n)}. \tag{3.1.6}$$

根据前后相邻两个近似列阵的对应元的比值, 可以决定本征值的上下限. 当上下限足够接近时,本征值已达到了满意的精度,迭代可以终止.

不过在许多实际问题中遇到的是广义本征值问题，即 §1.1 方程 (1.1.2). 如果 $\boldsymbol{M}$ 是一个对角阵，那末可以用一个简单的变换将 §1.1 方程(1.1.2)变换成标准形式，因而也就有简单的包含定理. 对于一般的广义本征值问题，用对比 $\boldsymbol{Kx}$ 和 $\boldsymbol{Mx}$ 的对应元的办法不一定能得到本征值的上下限. 在专著 [16] 第 78 页中已指出了这一点. 下面举一个实例.

考虑如下的本征值问题

$$\begin{bmatrix} 2 & 1 \\ 1 & 1 \end{bmatrix}\begin{bmatrix} x_1 \\ x_2 \end{bmatrix} = \lambda\begin{bmatrix} 5 & 2 \\ 2 & 1 \end{bmatrix}\begin{bmatrix} x_1 \\ x_2 \end{bmatrix}. \tag{3.1.7}$$

取近似解

$$x_1 = 1, \quad x_2 = -0.5,$$

则有

$$\begin{bmatrix} 2 & 1 \\ 1 & 1 \end{bmatrix}\begin{bmatrix} 1 \\ -0.5 \end{bmatrix} = \begin{bmatrix} 1.5 \\ 0.5 \end{bmatrix}, \quad \begin{bmatrix} 5 & 2 \\ 2 & 1 \end{bmatrix}\begin{bmatrix} 1 \\ -0.5 \end{bmatrix} = \begin{bmatrix} 4 \\ 1.5 \end{bmatrix},$$

$$l_{\min} = 0.333, \quad l_{\max} = 0.375.$$

两个本征值 (精确解) 是 $\lambda_1 = 0.382$，$\lambda_2 = 2.618$. 可见在 $l_{\min}$ 和 $l_{\max}$ 之间没有本征值.

后面几节将介绍适用于广义本征值问题的包含定理.

§ 3.2 Collatz 包含定理的改进，几种包含定理的内在联系

上节介绍的标准本征值问题的 Collatz 包含定理，与坐标系的取法有关. 因此在这个包含定理中，近似解并未充分发挥作用. 我们在文献[3]中指出，通过选择有利的坐标系可以导出更加精细的包含定理，并且还能够把其它几种常用的包含定理联系起来.

标准本征值问题 (3.1.1) 可以形象地看作 N 维线性空间中线性变换的本征值问题. 把这个空间中的矢量记为 $\boldsymbol{u}$，线性变换记为 $\boldsymbol{T}$. 算子 $\boldsymbol{T}$ 的本征值问题是

$$\boldsymbol{T u}-\lambda \boldsymbol{u}=\mathbf{0}. \tag{3.2.1}$$

上节的列阵 $\boldsymbol{x}$ 和矩阵 $\boldsymbol{A}$ 可以分别看作 $\boldsymbol{u}$ 和 $\boldsymbol{T}$ 在某一给定的坐标系中的矩阵表示.

从矢量空间看，本征值 λ_i 及其相应的本征矢量 $\boldsymbol{u}_i$ 为与坐标系的取法无关的量. 在某一坐标系中给出了近似列阵 $\boldsymbol{x}$，也就给出了近似矢量 $\boldsymbol{u}$，并且也就给出了在其它任一坐标系中的近似列阵. 在不同的坐标系中，$\boldsymbol{u}$ 的列阵有不同的表示，因而根据公式(3.1.4)将得到不同的上下限的值.可见我们有可能选取有利的坐标系，以求得到较好的上下限的值. Nitsche[25] 曾注意到这个可能性. 但是在具体工作中未能找到较好的坐标系，使得他给出的上下限随维数N的增加而变坏. 我们在文献 [3] 中提出的，是一种最有利的坐标系，所得到的上下限的精度与维数N无关，并且是最优的估计.

命 $\boldsymbol{u}$ 是给定的近似的本征矢量. 在某坐标系中与 $\boldsymbol{u}$ 对应的列阵记为 $\boldsymbol{x}$. 再记

$$\boldsymbol{v}=\boldsymbol{T u}. \tag{3.2.2}$$

与 $\boldsymbol{v}$ 对应的列阵是 $\boldsymbol{y}=\boldsymbol{A x}$. 矢量 $\boldsymbol{u}$, $\boldsymbol{v}$ 之间的夹角 α 可由下式决定

$$\cos \alpha=\frac{\boldsymbol{u} \cdot \boldsymbol{v}}{|\boldsymbol{u}||\boldsymbol{v}|}=\frac{\boldsymbol{x}^T \boldsymbol{y}}{\sqrt{\left(\boldsymbol{x}^T \boldsymbol{x}\right)\left(\boldsymbol{y}^T \boldsymbol{y}\right)}}. \tag{3.2.3}$$

如果 $\cos \alpha= \pm 1$, 即 $\boldsymbol{u} / / \boldsymbol{v}$，那末 $\boldsymbol{u}$ 便是某一精确解，不存在求本征值的上下限的问题. 当 $\boldsymbol{u}, \boldsymbol{v}$ 不平行时，它们便决定了一个平面，如图 3.2.1 所示. 这时一种有利的坐标系是把 x_1 轴 (指新取的坐标系，以下同) 取在 $\boldsymbol{u}, \boldsymbol{v}$ 平面上，而 x_1 轴与矢量 $\boldsymbol{u}$ 的夹角 θ 暂时不作规定. 至于其它的坐标轴 $x_2, \cdots, x_N$ 仍可随意选取，不作规定. 在 $\boldsymbol{u}, \boldsymbol{v}$ 平面上再取一过渡坐标轴 $\boldsymbol{r}$，如图 3.2.1 所示. 命 $\boldsymbol{r}$ 的方向余弦为

$$\boldsymbol{r}=\left[0, r_2, r_3, \cdots, r_N\right]^T. \tag{3.2.4}$$

在上述坐标系中，$\boldsymbol{u}$ 和 $\boldsymbol{v}$ 的列阵表示为

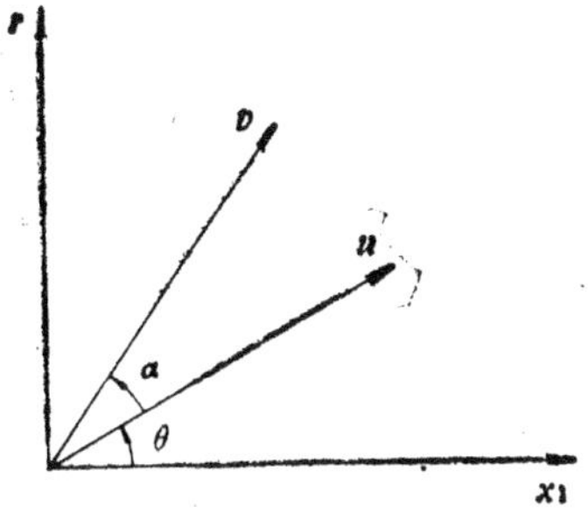

图 3.2.1

$$\boldsymbol{u} = |\boldsymbol{u}|[\cos\theta, \quad \gamma_2 \sin\theta, \cdots, \quad \gamma_N \sin\theta]^T,$$
$$\boldsymbol{v} = |\boldsymbol{v}|[\cos(\theta+\alpha), \gamma_2 \sin(\theta+\alpha), \cdots, \gamma_N \sin(\theta+\alpha)]^T, \tag{3.2.5}$$

矢量 $\boldsymbol{u}$ 和 $\boldsymbol{v}$ 虽然各有 N 个投影，但是对应投影的比值却只有两个：

$$l_1 = \frac{|\boldsymbol{v}|}{|\boldsymbol{u}|} \cdot \frac{\cos(\theta+\alpha)}{\cos\theta}, \quad l_2 = \frac{|\boldsymbol{v}|}{|\boldsymbol{u}|} \cdot \frac{\sin(\theta+\alpha)}{\sin\theta}. \tag{3.2.6}$$

这样根据 Collatz 包含定理，在 l_1 与 l_2 之间至少有一个本征值.

公式 (3.2.6) 中的角度 θ 尚未选定. 容易看到，把 θ 换成 $\left(\theta+\frac{\pi}{2}\right)$ 相当于把 l_1 和 l_2 的公式互换一下，这显然不影响上下限的值. 因此，无损于一般性，可限制 θ 的取值范围为

$$0 \leqslant \theta \leqslant \frac{\pi}{2}. \tag{3.2.7}$$

在这个范围内，

$$l_2 - l_1 = \frac{|\boldsymbol{v}|}{|\boldsymbol{u}|} \cdot \frac{2\sin\alpha}{\sin 2\theta} > 0. \tag{3.2.8}$$

这样我们得到一个改进的包含定理如下：在下列区间内至少有一个本征值

$$\lambda^- \leqslant \lambda \leqslant \lambda^+, \tag{3.2.9}$$

其中

$$\lambda^- = \frac{|\boldsymbol{v}|}{|\boldsymbol{u}|}\cdot\frac{\cos(\theta+\alpha)}{\cos\theta},\ \lambda^+ = \frac{|\boldsymbol{v}|}{|\boldsymbol{u}|}\cdot\frac{\sin(\theta+\alpha)}{\sin\theta}. \quad (3.2.10)$$

仿照有些文献中的记号，命

$$\begin{aligned}\lambda_R &= \frac{\boldsymbol{u}\cdot\boldsymbol{v}}{\boldsymbol{u}^2} = \frac{\boldsymbol{x}^T\boldsymbol{y}}{\boldsymbol{x}^T\boldsymbol{x}} = \frac{\boldsymbol{x}^T\boldsymbol{A}\boldsymbol{x}}{\boldsymbol{x}^T\boldsymbol{x}},\\ \lambda_q &= \frac{\boldsymbol{v}^2}{\boldsymbol{u}\cdot\boldsymbol{v}} = \frac{\boldsymbol{y}^T\boldsymbol{y}}{\boldsymbol{x}^T\boldsymbol{y}}.\end{aligned} \quad (3.2.11)$$

于是有

$$\frac{|\boldsymbol{v}|}{|\boldsymbol{u}|} = \sqrt{\lambda_R\lambda_q},\ \cos\alpha = \sqrt{\frac{\lambda_R}{\lambda_q}},\ \sin\alpha = \sqrt{\frac{\lambda_q-\lambda_R}{\lambda_q}}. \quad (3.2.12)$$

这样公式 (3.2.10) 可写成为

$$\lambda^- = \sqrt{\lambda_q\lambda_R}\,\frac{\cos(\theta+\alpha)}{\cos\theta},\ \lambda^+ = \sqrt{\lambda_q\lambda_R}\,\frac{\sin(\theta+\alpha)}{\sin\theta}. \quad (3.2.13)$$

从此式消去 θ，得到 λ^- 与 λ^+ 的直接的联系

$$\lambda^+\lambda^- - \lambda_R(\lambda^+ + \lambda^-) + \lambda_q\lambda_R = 0. \quad (3.2.14)$$

在公式 (3.2.10)，(3.2.13)，(3.2.14) 中，除了不定参数 θ 以外，只出现列阵 $\boldsymbol{x}$ 和 $\boldsymbol{y}$ 的整体特性而不出现它们的元．所以这些公式都与坐标系的取法无关，即它们是不变形式的包含定理．

从公式 (3.2.13)，(3.2.14) 可以看到，上述包含定理给出的上、下限是有联系的．改变 θ 的值，λ^- 和 λ^+ 要末同时增加，要末同时减小．各种可能的 (λ^+, λ^-) 所形成的曲线，是双曲线的一个分支，如图 3.2.2 所示．因此我们只能选取一个适中的 θ 值，以便兼顾上、下限，下面讨论五种选法．

第一种选法是使上、下限的比值最接近 1，即使

$$\frac{\lambda^+}{\lambda^-} = \frac{\tan(\theta+\alpha)}{\tan\theta} = \text{最小}. \quad (3.2.15)$$

这个最小值发生在

$$\sin 2(\theta+\alpha) = \sin 2\theta,\ \text{即}\ \theta = \frac{\pi}{4} - \frac{\alpha}{2}. \quad (3.2.16)$$

这时公式 (3.2.13) 简化为

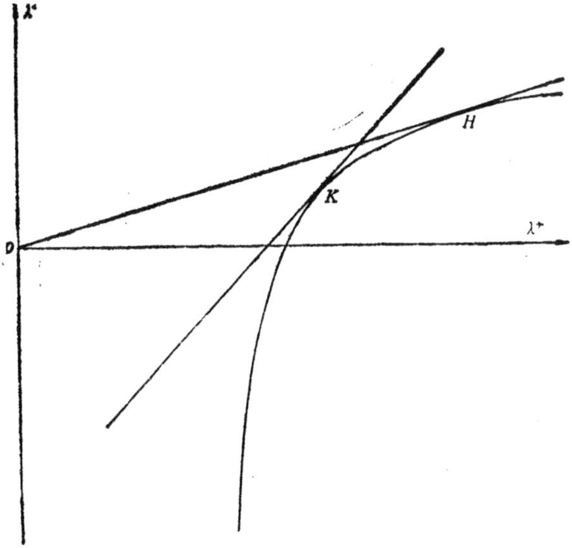

图 3.2.2

$$\lambda^- = \sqrt{\lambda_q\lambda_R}\ \tan\left(\frac{\pi}{4}-\frac{\alpha}{2}\right),\ \lambda^+ = \sqrt{\lambda_q\lambda_R}\ \cot\left(\frac{\pi}{4}-\frac{\alpha}{2}\right).$$

全部改用 λ_R, λ_q 的记号后则有

$$\lambda^{\mp} = \lambda_q \mp \sqrt{\lambda_q(\lambda_q - \lambda_R)}. \tag{3.2.17}$$

这个公式相当于图 3.2.2 中的H点，它是从原点作双曲线切线的切点.

第二种选法是使上、下限的差距最小，也就是使公式(3.2.8)的右端最小. 这时显然应该取

$$\theta = \frac{\pi}{4}. \tag{3.2.18}$$

这样公式 (3.2.10) 简化为

$$\lambda^{\mp} = \lambda_R \mp \sqrt{\lambda_R(\lambda_q - \lambda_R)}. \tag{3.2.19}$$

这是 Крылов-Боголюбов[16] 和 Weinstein[31] 的上、下限公式. 这个公式相当于图 3.2.2 中的K点，它是双曲线的等倾切线的切点.

第三，如果我们不仅知道了近似的本征列阵 $\boldsymbol{x}$，并且还知道

了近似的本征值 λ_*，那末我们可以有意识地把 λ_* 放在包含定理所预示的区间的中点，也就是使

$$\frac{1}{2}(\lambda^- + \lambda^+) = \lambda_*. \tag{3.2.20}$$

从 (3.2.14)，(3.2.20) 两式可解得

$$\lambda^{\mp} = \lambda_* \mp \sqrt{\lambda_*^2 - 2\lambda_R\lambda_* + \lambda_q\lambda_R}. \tag{3.2.21}$$

如果我们把 λ_* 看作是可变的，那末公式 (3.2.13)，(3.2.21) 是两种等价的参数表示法. θ 与 λ_* 的联系是

$$\lambda_* = \sqrt{\lambda_q\lambda_R}\,\frac{\sin(2\theta + \alpha)}{\sin 2\theta}. \tag{3.2.22}$$

第四，如果我们要计算第 i 个本征值 λ_i 的下限，并希望它大一点，那末必须同时允许上限也大一点. 但是上限太大就可能把下一个本征值 λ_{i+1} 包含在区间内反而把想求的 λ_i 放过了. 所以 λ^+ 不能取得太大. 如果我们事前知道了下一个本征值 λ_{i+1} 的下限 λ_{i+1}^-，那末我们可以放心地把 λ_i 的上限取在 λ_{i+1}^-，即取

$$\lambda_i^+ = \lambda_{i+1}^-. \tag{3.2.23}$$

这时公式 (3.2.14) 给出

$$\frac{\lambda_i^-}{\lambda_q} = \frac{\dfrac{\lambda_{i+1}^-}{\lambda_q} - 1}{\dfrac{\lambda_{i+1}^-}{\lambda_R} - 1}, \tag{3.2.24}$$

这便是 Temple[29],[30]，Kohn[19]，Collatz[15]，Kato[18] 等人的下限公式.

第五，如果我们希望上限小一些，那末必须同时允许下限也小一些. 但是下限太小就可能把前一个本征值 λ_{i-1} 包含在区间内反而把想求的本征值 λ_i 放过了. 所以 λ^- 不能取得太小. 如果我们事前知道了前一个本征值的上限 λ_{i-1}^+，那末我们可以放心地把 λ_i 的下限取在 λ_{i-1}^+，即取

$$\lambda_i^- = \lambda_{i-1}^-. \tag{3.2.25}$$

这时公式 (3.2.14) 给出

$$\frac{\lambda_i^+}{\lambda_q}=\frac{1-\dfrac{\lambda_{i-1}^+}{\lambda_q}}{1-\dfrac{\lambda_{i-1}^+}{\lambda_R}}, \tag{3.2.26}$$

这便是 Kohn[19]，Kato[18] 等人的上限公式。

作为一个例子，再来考虑(3.1.4)式给出的矩阵 $\boldsymbol{A}$ 的标准本征值问题。表 3.1.1 中的第 7—10 行给出了根据公式(3.2.17)，(3.2.19)，(3.2.24)，(3.2.26) 得到的上、下限，公式中的 λ_{i+1}^- 和 λ_{i-1}^+ 是用表中第 4 行的 Collatz 上、下限。从表中的数值可以看到，对于相同的近似的本征列阵，改进后的包含定理给出了精确得多的上、下限。

上面介绍的几个上、下限公式 (3.2.10)—(3.2.26)，是在只给出 $\boldsymbol{x}$ 和 $\boldsymbol{y}=\boldsymbol{A}\boldsymbol{x}$ 两个列阵的条件下所能得到的最优估计。这就是说，只要 λ^- 和 λ^+ 再稍稍靠近一点，那末其间就可能不存在本征值了。例如，如果把公式(3.2.21)给出的上、下限再稍稍靠近一点而命

$$\mu_1=\lambda_*-\sqrt{\lambda_*^2-2\lambda_R\lambda_*+\lambda_q\lambda_R}+\varepsilon,$$
$$\mu_2=\lambda_*+\sqrt{\lambda_*^2-2\lambda_R\lambda_*+\lambda_q\lambda_R}-\varepsilon,$$

式中 ε 为一个正的小量，那末在 μ_1—μ_2 间就可能没有本征值了。这只要举出一个例子便说明问题了。考虑二维问题

$$\boldsymbol{A}=\begin{bmatrix}a_{11} & a_{12}\\ a_{12} & a_{22}\end{bmatrix},$$

取近似解

$$\boldsymbol{x}=[1,0]^T,\ \boldsymbol{y}=\boldsymbol{A}\boldsymbol{x}=[a_{11},a_{12}]^T,\ \lambda_*=\frac{1}{2}(a_{11}+a_{22}).$$

这时有

$$\lambda_R=a_{11},\ \lambda_q=\frac{a_{11}^2+a_{12}^2}{a_{11}},$$

而 $\boldsymbol{A}$ 的两个本征值为

$$\lambda_{1,2}=\frac{1}{2}(a_{11}+a_{22})\mp\sqrt{\frac{1}{4}(a_{11}+a_{22})^2-a_{11}a_{22}+a_{12}^2}$$

$$= \lambda_* \mp \sqrt{\lambda_*^2 - 2\lambda_R\lambda_* + \lambda_q\lambda_R},$$

可见 $\lambda_1 < \mu_1$, $\lambda_2 > \mu_2$，两个本征值都落在区间 μ_1—μ_2 之外.

上面讨论的几种包含定理都只适用于标准本征值问题. 下面再介绍两类适用于广义本征值问题的包含定理. 在推理过程中我们要把广义本征值问题化为标准本征值问题. 但在实际应用时并不需要这样的预处理.

考虑广义本征值问题 §1.1 中的方程 (1.1.2). 当 $\boldsymbol{M}$ 为正定矩阵时，我们可以把 $\boldsymbol{M}$ 化为单位矩阵. 在这种情况下存在有非奇异变换 $\boldsymbol{\varphi}$ 能使

$$\boldsymbol{\varphi}^T\boldsymbol{M}\boldsymbol{\varphi} = \boldsymbol{I}. \tag{3.2.27}$$

这样的变换矩阵有无穷多个，但借助其中的任意一个都能完成以下推理.

根据矩阵 $\boldsymbol{\varphi}$ 对 $\boldsymbol{K}$, $\boldsymbol{M}$, $\boldsymbol{x}$ 作如下的变换,

$$\begin{aligned}
\boldsymbol{\varphi}^T\boldsymbol{K}\boldsymbol{\varphi} &= \boldsymbol{A}, \quad \boldsymbol{K} = (\boldsymbol{\varphi}^{-1})^T\boldsymbol{A}\boldsymbol{\varphi}^{-1}, \\
\boldsymbol{\varphi}^T\boldsymbol{M}\boldsymbol{\varphi} &= \boldsymbol{I}, \quad \boldsymbol{M} = (\boldsymbol{\varphi}^{-1})^T\boldsymbol{\varphi}^{-1}, \\
\boldsymbol{\varphi}^{-1}\boldsymbol{x} &= \boldsymbol{\xi}, \quad \boldsymbol{x} = \boldsymbol{\varphi}\boldsymbol{\xi}.
\end{aligned} \tag{3.2.28}$$

这样 § 1.1 方程 (1.1.2) 变为

$$\boldsymbol{A}\boldsymbol{\xi} - \lambda\boldsymbol{\xi} = \boldsymbol{0}. \tag{3.2.29}$$

对于这个对称矩阵的标准本征值问题，便可以应用前述的包含定理了. 从原来给出的近似解 $\boldsymbol{x}$ 可求得新问题中的近似解 $\boldsymbol{\xi}$. 根据 $\boldsymbol{\xi}$ 便可进一步计算

$$\begin{aligned}
\boldsymbol{\eta} &= \boldsymbol{A}\boldsymbol{\xi}, \\
\lambda_R &= \frac{\boldsymbol{\xi}^T\boldsymbol{A}\boldsymbol{\xi}}{\boldsymbol{\xi}^T\boldsymbol{\xi}} = \frac{\boldsymbol{x}^T\boldsymbol{K}\boldsymbol{x}}{\boldsymbol{x}^T\boldsymbol{M}\boldsymbol{x}}, \\
\lambda_q &= \frac{\boldsymbol{\eta}^T\boldsymbol{\eta}}{\boldsymbol{\xi}^T\boldsymbol{\eta}} = \frac{\boldsymbol{\xi}^T\boldsymbol{A}^T\boldsymbol{A}\boldsymbol{\xi}}{\boldsymbol{\xi}^T\boldsymbol{A}\boldsymbol{\xi}} = \frac{\boldsymbol{x}^T\boldsymbol{K}\boldsymbol{M}^{-1}\boldsymbol{K}\boldsymbol{x}}{\boldsymbol{x}^T\boldsymbol{K}\boldsymbol{x}}, \\
\frac{|\boldsymbol{\eta}|}{|\boldsymbol{\xi}|} &= \sqrt{\lambda_q\lambda_R}, \\
\cos\alpha &= \frac{\boldsymbol{\xi}^T\boldsymbol{\eta}}{\sqrt{\boldsymbol{\xi}^T\boldsymbol{\xi}\boldsymbol{\eta}^T\boldsymbol{\eta}}} = \frac{\boldsymbol{x}^T\boldsymbol{K}\boldsymbol{x}}{\sqrt{\boldsymbol{x}^T\boldsymbol{M}\boldsymbol{x}\boldsymbol{x}^T\boldsymbol{K}\boldsymbol{M}^{-1}\boldsymbol{K}\boldsymbol{x}}} = \sqrt{\frac{\lambda_R}{\lambda_q}}.
\end{aligned} \tag{3.2.30}$$

根据这样定义的 α, λ_R, λ_q, 前面的公式(3.2.13), (3.2.14) (3.2.17), (3.2.19), (3.2.21), (3.2.24), (3.2.26) 继续成立.

当 $\boldsymbol{K}$ 为正定矩阵时，我们可以把 $\boldsymbol{K}$ 化为单位矩阵. 在这种情况下存在变换 $\boldsymbol{\phi}$ 能使

$$\boldsymbol{\phi}^T\boldsymbol{K}\boldsymbol{\phi} = \boldsymbol{I}. \tag{3.2.31}$$

这样的变换矩阵也有无穷多个，但借助其中的任意一个都能完成以下的推理.

根据 $\boldsymbol{\phi}$ 对 $\boldsymbol{K}$, $\boldsymbol{M}$, $\boldsymbol{x}$, λ 作如下的变换

$$\begin{aligned}
&\boldsymbol{\phi}^T\boldsymbol{K}\boldsymbol{\phi} = \boldsymbol{I}, \quad \boldsymbol{K} = (\boldsymbol{\phi}^{-1})^T\boldsymbol{\phi}^{-1},\\
&\boldsymbol{\phi}^T\boldsymbol{M}\boldsymbol{\phi} = \boldsymbol{A}, \quad \boldsymbol{M} = (\boldsymbol{\phi}^{-1})^T\boldsymbol{A}\boldsymbol{\phi}^{-1},\\
&\boldsymbol{\phi}^{-1}\boldsymbol{x} = \boldsymbol{\xi}, \quad \boldsymbol{x} = \boldsymbol{\phi}\boldsymbol{\xi},\\
&\frac{1}{\lambda} = \mu, \quad \lambda = \frac{1}{\mu}.
\end{aligned} \tag{3.2.32}$$

这样 §1.1 方程 (1.1.2) 便能转变为

$$\boldsymbol{A}\boldsymbol{\xi} - \mu\boldsymbol{\xi} = \boldsymbol{0}. \tag{3.2.33}$$

对于由上式定义的标准本征值问题，又可以应用以前的包含定理了. 从原来给出的近似解 $\boldsymbol{x}$ 可求得新问题中的近似解 $\boldsymbol{\xi}$. 根据 $\boldsymbol{\xi}$ 又可进一步计算

$$\begin{aligned}
&\boldsymbol{\eta} = \boldsymbol{A}\boldsymbol{\xi},\\
&\mu_R = \frac{\boldsymbol{\xi}^T\boldsymbol{A}\boldsymbol{\xi}}{\boldsymbol{\xi}^T\boldsymbol{\xi}} = \frac{\boldsymbol{x}^T\boldsymbol{M}\boldsymbol{x}}{\boldsymbol{x}^T\boldsymbol{K}\boldsymbol{x}} = \frac{1}{\lambda_R},\\
&\mu_S = \frac{\boldsymbol{\eta}^T\boldsymbol{\eta}}{\boldsymbol{\xi}^T\boldsymbol{\eta}} = \frac{\boldsymbol{\xi}^T\boldsymbol{A}^T\boldsymbol{A}\boldsymbol{\xi}}{\boldsymbol{\xi}^T\boldsymbol{A}\boldsymbol{\xi}} = \frac{\boldsymbol{x}^T\boldsymbol{M}\boldsymbol{K}^{-1}\boldsymbol{M}\boldsymbol{x}}{\boldsymbol{x}^T\boldsymbol{M}\boldsymbol{x}} = \frac{1}{\lambda_S},\\
&\cos\alpha = \sqrt{\frac{\mu_R}{\mu_S}} = \sqrt{\frac{\lambda_S}{\lambda_R}}.
\end{aligned} \tag{3.2.34}$$

这样以前的公式(3.2.13), (3.2.14), (3.2.17), (3.2.19), (3.2.21), (3.2.24), (3.2.26) 分别变为 (相当于把以前公式中的 λ_q 和 λ_R 分别改为 λ_R 和 λ_S)

$$\lambda^- = \sqrt{\lambda_R\lambda_S}\,\frac{\cos(\theta+\alpha)}{\cos\theta}, \quad \lambda^+ = \sqrt{\lambda_R\lambda_S}\,\frac{\sin(\theta+\alpha)}{\sin\theta}, \tag{3.2.35}$$

$$\lambda^+\lambda^- - \lambda_S(\lambda^+ + \lambda^-) + \lambda_R\lambda_S = 0. \tag{3.2.36}$$

最近比值上、下限

$$\lambda^{\mp}=\lambda_R \mp \sqrt{\lambda_R(\lambda_R-\lambda_S)}, \qquad (3.2.37)$$

最小差距上、下限

$$\lambda^{\mp}=\lambda_S \mp \sqrt{\lambda_S(\lambda_R-\lambda_S)}, \qquad (3.2.38)$$

给出平均值的上、下限

$$\lambda^{\mp}=\lambda_* \mp \sqrt{\lambda_*^2-2\lambda_S\lambda_*+\lambda_R\lambda_S}, \qquad (3.2.39)$$

给出后一个本征值的下限时

$$\frac{\lambda_i^-}{\lambda_R}=\frac{\dfrac{\lambda_{i+1}^-}{\lambda_R}-1}{\dfrac{\lambda_{i+1}^-}{\lambda_S}-1}. \qquad (3.2.40)$$

给出前一个本征值的上限时

$$\frac{\lambda_i^+}{\lambda_R}=\frac{1-\dfrac{\lambda_{i-1}^+}{\lambda_R}}{1-\dfrac{\lambda_{i-1}^+}{\lambda_S}}. \qquad (3.2.41)$$

公式(3.2.38)给出的下限公式与 Schreyer-Shih[27] 和 Popelar[26] 给出的相同. 公式(2.2.37)给出的下限公式与 Ku[21],[22],[23] 给出的相同.

§3.3 放大倍数和本征值的包含定理

考虑无阻尼线性结构的固有振动问题. 暂且假定矩阵 $\boldsymbol{K}$ 和 $\boldsymbol{M}$ 都是正定的. 设想该结构在某种载荷作用下进行扫频试验. 当外加频率接近于固有频率时,结构便产生了强烈的共振,从而产生了很大的放大倍数. 从理论上说,放大倍数为无穷大时的频率为固有频率. 放大倍数越大,外加频率越接近于固有频率. 由此看来,放大倍数反映了外加频率与固有频率接近的程度. 因此,根据放大倍数理应能够确定固有频率的上下限.

对于单自由度系统,放大倍数已有了公认的定义. 对于多自由度系统，虽然也常用"放大"二字来形容强烈的共振，但放大倍数尚未有公认的定量的定义．我们[4] 建议按结构所具有的能量来定义放大倍数，此数可更确切地称为能量放大倍数．结构的能量有两种．一种是应变能，另一种是动能．对比的基准也可以有两种取法．一种是忽略惯性力时的响应，它是一种静响应，简称 $\boldsymbol{K}$ 响应．另一种是忽略弹性力时的响应，简称 $\boldsymbol{M}$ 响应．把所考虑的结构在某种载荷 $\boldsymbol{q}e^{i\omega_* t}$ 作用下的动响应，$\boldsymbol{K}$ 响应，$\boldsymbol{M}$ 响应依次记为

$$\boldsymbol{w}_d e^{i\omega_* t},\ \boldsymbol{w}_k e^{i\omega_* t},\ \boldsymbol{w}_m e^{i\omega_* t}.$$

这样，根据三个响应可分别计算出三个应变能峰值和动能系数峰值：

$$\Pi(\boldsymbol{w}_d),\ \Pi(\boldsymbol{w}_k),\ \Pi(\boldsymbol{w}_m),$$
$$T(\boldsymbol{w}_d),\ T(\boldsymbol{w}_k),\ T(\boldsymbol{w}_m).$$

根据这六个能量可定义四种(能量)放大倍数如下：

$$\mu_p = \sqrt{\frac{\Pi(\boldsymbol{w}_d)}{\Pi(\boldsymbol{w}_k)}}, \tag{3.3.1}$$

$$\mu_t = \sqrt{\frac{T(\boldsymbol{w}_d)}{T(\boldsymbol{w}_k)}}, \tag{3.3.2}$$

$$\nu_p = \sqrt{\frac{\Pi(\boldsymbol{w}_d)}{\Pi(\boldsymbol{w}_m)}}, \tag{3.3.3}$$

$$\nu_t = \sqrt{\frac{T(\boldsymbol{w}_d)}{T(\boldsymbol{w}_m)}}. \tag{3.3.4}$$

这里的记号规则是：μ 是以 $\boldsymbol{K}$ 响应为基准(分母)的放大倍数，ν 是以 $\boldsymbol{M}$ 响应为基准的放大倍数，下标 p 指对比的是应变能，下标 t 指对比的是动能系数．

对于单自由度系统，容易导出上列四种放大倍数的公式

$$\mu = \frac{1}{\left|1 - \dfrac{\lambda_*}{\lambda_n}\right|},\quad \mu \text{ 为 } \mu_p \text{ 或 } \mu_t, \tag{3.3.5}$$

$$\nu = \frac{1}{\left|1 - \dfrac{\lambda_n}{\lambda_*}\right|},\quad \nu \text{ 为 } \nu_p \text{ 或 } \nu_t. \tag{3.3.6}$$

式中

$$\lambda_* = \omega_*^2, \quad \lambda_n = \omega_n^2. \tag{3.3.7}$$

ω_* 仍为外加频率,而 ω_n 是结构的固有频率. 当一个公式对 μ_p 和 μ_t (或 ν_p 和 ν_t) 都适用时,我们就去掉下标而简写成 μ (或 ν). 对于多自由度的系统, μ_p 和 μ_t, 以及 ν_p 和 ν_t, 都可能不相等.

多自由度系统的振动可以看作各单个固有模态振动的叠加. 在一定的外载荷频率下,有的固有模态放大得较大,有的放大得不大. 公式(3.3.1)~(3.3.4)定义的放大倍数是单个固有模态的放大倍数在能量意义下的平均值. 因此它们必定不会大于放大得最大的那个固有模态的放大倍数,即

$$\mu \leqslant \max_i \frac{1}{\left|1 - \dfrac{\lambda_*}{\lambda_i}\right|}, \tag{3.3.8a}$$

$$\nu \leqslant \max_i \frac{1}{\left|1 - \dfrac{\lambda_i}{\lambda_*}\right|}. \tag{3.3.8b}$$

式中 λ_i 是结构的第 i 个本征值. 改为倒数,有

$$\frac{1}{\mu} \geqslant \min_i \left|1 - \frac{\lambda_*}{\lambda_i}\right|, \quad \frac{1}{\nu} \geqslant \min_i \left|1 - \frac{\lambda_i}{\lambda_*}\right|. \tag{3.3.9}$$

由此可知,必定至少各存在一个本征值 λ_n, 分别能使

$$\left|1 - \frac{\lambda_*}{\lambda_n}\right| \leqslant \frac{1}{\mu}, \tag{3.3.10}$$

$$\left|1 - \frac{\lambda_n}{\lambda_*}\right| \leqslant \frac{1}{\nu}. \tag{3.3.11}$$

严格说来,上列两个公式中的 λ_n 不一定相同, 但是为了节省记号起见,用了同一个记号. 从公式(3.3.10), (3.3.11)可知, 在下列参数区间内至少各有一个本征值

$$\frac{\lambda_*}{1 + \dfrac{1}{\mu}} \leqslant \lambda \leqslant \frac{\lambda_*}{1 - \dfrac{1}{\mu}}, \tag{3.3.12}$$

$$\lambda_*\left(1 - \frac{1}{\nu}\right) \leqslant \lambda \leqslant \lambda_*\left(1 + \frac{1}{\nu}\right). \tag{3.3.13}$$

这便是用能量放大倍数表示的本征值上下限的两组基本公式.

在用公式 (3.3.12) 或 (3.3.13) 作实际计算时，我们不一定非要先假设一种载荷，然后计算结构的动响应和简化的 $\boldsymbol{K}$ 响应和 $\boldsymbol{M}$ 响应，最后计算能量放大倍数. 这样做工作量很大，并且有时候实际上很难行得通. 我们可以采用一种变通的办法，先利用其它方法 (例如里兹法或别的什么方法，甚至用实验测定也可以) 求出近似的振型 $\boldsymbol{w}_d$ 和本征值 λ_*，然后把此近似解看作是某种载荷 $\boldsymbol{q}e^{i\omega_* t}$ 作用下的响应而计算此种载荷. 给出频率和响应后计算载荷，一般是不困难的. 然后再根据算得的载荷 $\boldsymbol{q}$ 计算简化的响应 $\boldsymbol{w}_k$ 或 $\boldsymbol{w}_m$. 这些计算的工作量要比计算动响应小得多.

公式 (3.3.8) 是通过力学上的逻辑推理得到的，其余的公式是按照数学推导得出来的. 下面我们分 $\boldsymbol{K}$ 响应和 $\boldsymbol{M}$ 响应两种情况对公式 (3.3.8) 作出数学证明，并把公式 (3.3.12)，(3.3.13) 改写成更加便于应用的形式.

基于 $\boldsymbol{K}$ 响应的上下限公式

考虑由 §1.1 方程 (1.1.2) 定义的广义本征值问题. 设已用某种方法求得了一组近似解

$$\lambda = \lambda_*, \quad \boldsymbol{x} = \boldsymbol{x}_d. \tag{3.3.14}$$

将此代入 §1.1 方程 (1.1.2) 的左端，得到

$$\boldsymbol{K}\boldsymbol{x}_d - \lambda_*\boldsymbol{M}\boldsymbol{x}_d = \boldsymbol{f}. \tag{3.3.15}$$

从数学上看 $\boldsymbol{f}$ 代表残差. 从力学上看，$\boldsymbol{K}\boldsymbol{x}_d$ 代表弹性力，$-\lambda_*\boldsymbol{M}\boldsymbol{x}_d$ 代表惯性力，而 $\boldsymbol{f}$ 代表强迫振动中的外载荷. 载荷 $\boldsymbol{f}$ 产生的 $\boldsymbol{K}$ 响应 $\boldsymbol{x}_k$ 可由下式决定:

$$\boldsymbol{K}\boldsymbol{x}_k = \boldsymbol{f} = (\boldsymbol{K} - \lambda_*\boldsymbol{M})\boldsymbol{x}_d. \tag{3.3.16}$$

由此得到

$$\boldsymbol{x}_k = \boldsymbol{K}^{-1}\boldsymbol{f} = (1 - \lambda_*\boldsymbol{K}^{-1}\boldsymbol{M})\boldsymbol{x}_d. \tag{3.3.17}$$

与 $\boldsymbol{x}_d$ 和 $\boldsymbol{x}_k$ 对应的应变能和动能系数分别为

$$\Pi(\boldsymbol{x}_d)=\frac{1}{2}\boldsymbol{x}_d^{\mathrm{T}}\boldsymbol{K}\boldsymbol{x}_d,\quad T(\boldsymbol{x}_d)=\frac{1}{2}\boldsymbol{x}_d^{\mathrm{T}}\boldsymbol{M}\boldsymbol{x}_d,$$

$$\Pi(\boldsymbol{x}_k)=\frac{1}{2}\boldsymbol{x}_k^{\mathrm{T}}\boldsymbol{K}\boldsymbol{x}_k,\quad T(\boldsymbol{x}_k)=\frac{1}{2}\boldsymbol{x}_k^{\mathrm{T}}\boldsymbol{M}\boldsymbol{x}_k \tag{3.3.18}$$

因而基于 $\boldsymbol{K}$ 响应的两种能量放大倍数为

$$\mu_p=\sqrt{\frac{\boldsymbol{x}_d^{\mathrm{T}}\boldsymbol{K}\boldsymbol{x}_d}{\boldsymbol{x}_k^{\mathrm{T}}\boldsymbol{K}\boldsymbol{x}_k}},\quad \mu_t=\sqrt{\frac{\boldsymbol{x}_d^{\mathrm{T}}\boldsymbol{M}\boldsymbol{x}_d}{\boldsymbol{x}_k^{\mathrm{T}}\boldsymbol{M}\boldsymbol{x}_k}}. \tag{3.3.19}$$

为了从数学上证明公式(3.3.8a)，设想把近似解 $\boldsymbol{x}_d$ 按本征列阵展开

$$\boldsymbol{x}_d=\sum_i \boldsymbol{\varphi}_i a_i. \tag{3.3.20}$$

于是有

$$\boldsymbol{x}_k=(1-\lambda_*\boldsymbol{K}^{-1}\boldsymbol{M})\boldsymbol{x}_d=\sum_i\left(1-\frac{\lambda_*}{\lambda_i}\right)\boldsymbol{\varphi}_i a_i. \tag{3.3.21}$$

进一步有

$$\begin{aligned}
\boldsymbol{x}_d^{\mathrm{T}}\boldsymbol{M}\boldsymbol{x}_d&=\sum_i a_i^2,\\
\boldsymbol{x}_k^{\mathrm{T}}\boldsymbol{M}\boldsymbol{x}_k&=\sum_i\left(1-\frac{\lambda_*}{\lambda_i}\right)^2 a_i^2,\\
\boldsymbol{x}_d^{\mathrm{T}}\boldsymbol{K}\boldsymbol{x}_d&=\sum_i \lambda_i a_i^2,\\
\boldsymbol{x}_k^{\mathrm{T}}\boldsymbol{K}\boldsymbol{x}_k&=\sum_i\left(1-\frac{\lambda_*}{\lambda_i}\right)^2 \lambda_i a_i^2.
\end{aligned} \tag{3.3.22}$$

$$\mu_p^2=\frac{\boldsymbol{x}_d^{\mathrm{T}}\boldsymbol{K}\boldsymbol{x}_d}{\boldsymbol{x}_k^{\mathrm{T}}\boldsymbol{K}\boldsymbol{x}_k}=\frac{\sum_i \lambda_i a_i^2}{\sum_i\left(1-\frac{\lambda_*}{\lambda_i}\right)^2\lambda_i a_i^2}, \tag{3.3.23$_p$}$$

$$\mu_t^2=\frac{\boldsymbol{x}_d^{\mathrm{T}}\boldsymbol{M}\boldsymbol{x}_d}{\boldsymbol{x}_k^{\mathrm{T}}\boldsymbol{M}\boldsymbol{x}_k}=\frac{\sum_i a_i^2}{\sum_i\left(1-\frac{\lambda_*}{\lambda_i}\right)^2 a_i^2}. \tag{3.3.23$_t$}$$

为了便于看清楚 μ_p 和 μ_t 确实是单个固有模态的放大倍数的平均值，作如下的代换：

$$\left(1-\frac{\lambda_*}{\lambda_i}\right)\sqrt{\lambda_i}\,a_i=b_i,\quad a_i=\frac{b_i}{\sqrt{\lambda_i}\left(1-\frac{\lambda_*}{\lambda_i}\right)},\qquad (3.3.24)_p$$

$$\left(1-\frac{\lambda_*}{\lambda_i}\right)a_i=c_i,\qquad a_i=\frac{c_i}{1-\frac{\lambda_*}{\lambda_i}}.\qquad (3.3.24)_t$$

这样便有

$$\mu_p^2=\frac{\sum_i \frac{b_i^2}{\left(1-\frac{\lambda_*}{\lambda_i}\right)^2}}{\sum_i b_i^2},\qquad (3.3.25)_p$$

$$\mu_t^2=\frac{\sum_i \frac{c_i^2}{\left(1-\frac{\lambda_*}{\lambda_i}\right)^2}}{\sum_i c_i^2}.\qquad (3.3.25)_t$$

此两式表明，μ_p^2 和 μ_t^2 确是单个固有模态的放大倍数的加权（分别为 b_i^2 和 c_i^2）平均值. 平均值不大于其中的最大者，所以有

$$\mu^2\leqslant\max_i\frac{1}{\left(1-\frac{\lambda_*}{\lambda_i}\right)^2}.\qquad (3.3.26)$$

此即公式 (3.3.8a)，到此补齐了数学证明.

为了能应用公式 (3.3.12)，最重要的是须预先知道近似的本征列阵 $\boldsymbol{x}_d$，至于近似的本征值 λ_* 可以暂不确定而把它看作是一个可供选择的待定参数. 当 λ_* 改变时，放大倍数随之改变，因而上下限的值也随之改变. 为了得到上下限随 λ_* 而变的显式，适宜于把它们用三个参数来表示.

为了达到上述目的，先把 $\boldsymbol{x}_k$ 表示为

$$\boldsymbol{x}_k=\boldsymbol{x}_d-\lambda_*\boldsymbol{x}_{d+1},\qquad (3.3.27_a)$$

$$\boldsymbol{x}_{d+1}=\boldsymbol{K}^{-1}\boldsymbol{M}\boldsymbol{x}_d.\qquad (3.3.27_b)$$

公式 ($3.3.27_b$) 是逆迭代公式. $\boldsymbol{x}_d$ 的下标 d 原来是指 dynamic，现在用于兼指迭代的阶次. $\boldsymbol{x}_{d+1}$ 是从 $\boldsymbol{x}_d$ 逆迭代一次得到的. 在求最小的本征值时，$\boldsymbol{x}_{d+1}$ 比 $\boldsymbol{x}_d$ 更接近于精确解. 从两个列阵 $\boldsymbol{x}_d$ 和 $\boldsymbol{x}_{d+1}$ 可以计算出三个应变能和三个动能系数如下:

$$\boldsymbol{x}_d^T\boldsymbol{K}\boldsymbol{x}_d,\quad \boldsymbol{x}_d^T\boldsymbol{K}\boldsymbol{x}_{d+1},\quad \boldsymbol{x}_{d+1}^T\boldsymbol{K}\boldsymbol{x}_{d+1},$$

$$\boldsymbol{x}_d^T\boldsymbol{M}\boldsymbol{x}_d,\quad \boldsymbol{x}_d^T\boldsymbol{M}\boldsymbol{x}_{d+1},\quad \boldsymbol{x}_{d+1}^T\boldsymbol{M}\boldsymbol{x}_{d+1}.$$

由此可求得三个其量纲都为频率参数的比值:

$$\begin{aligned}
\lambda_R &= \frac{\boldsymbol{x}_d^T\boldsymbol{K}\boldsymbol{x}_d}{\boldsymbol{x}_d^T\boldsymbol{K}\boldsymbol{x}_{d+1}} = \frac{\boldsymbol{x}_d^T\boldsymbol{K}\boldsymbol{x}_d}{\boldsymbol{x}_d^T\boldsymbol{M}\boldsymbol{x}_d},\\
\lambda_S &= \frac{\boldsymbol{x}_d^T\boldsymbol{K}\boldsymbol{x}_{d+1}}{\boldsymbol{x}_{d+1}^T\boldsymbol{K}\boldsymbol{x}_{d+1}} = \frac{\boldsymbol{x}_d^T\boldsymbol{M}\boldsymbol{x}_d}{\boldsymbol{x}_d^T\boldsymbol{M}\boldsymbol{x}_{d+1}},\\
\lambda_T &= \frac{\boldsymbol{x}_d^T\boldsymbol{M}\boldsymbol{x}_{d+1}}{\boldsymbol{x}_{d+1}^T\boldsymbol{M}\boldsymbol{x}_{d+1}^T} = \frac{\boldsymbol{x}_{d+1}^T\boldsymbol{K}\boldsymbol{x}_{d+1}}{\boldsymbol{x}_{d+1}^T\boldsymbol{M}\boldsymbol{x}_{d+1}}.
\end{aligned} \tag{3.3.28}$$

这三个比值是某个本征值的相邻三阶次的近似值，特别是，λ_R 和 λ_T 分别是基于 $\boldsymbol{x}_d$ 和 $\boldsymbol{x}_{d+1}$ 的瑞利商. 利用这三个比值，能量放大倍数可表示为

$$\begin{aligned}
\frac{1}{\mu_p^2} &= \frac{(x_d-\lambda_* x_{d+1})^T K(x_d-\lambda_* x_{d+1})}{x_d^T K x_d}\\
&= 1-2\frac{\lambda_*}{\lambda_R}+\frac{\lambda_*^2}{\lambda_R\lambda_S},
\end{aligned} \tag{3.3.29$_p$}$$

$$\begin{aligned}
\frac{1}{\mu_t^2} &= \frac{(x_d-\lambda_* x_{d+1})^T M(x_d-\lambda_* x_{d+1})}{x_d^T M x_d}\\
&= 1-2\frac{\lambda_*}{\lambda_S}+\frac{\lambda_*^2}{\lambda_S\lambda_T}.
\end{aligned} \tag{3.3.29$_t$}$$

这样公式 (3.3.12) 便可表示为

$$\lambda^- \leqslant \lambda \leqslant \lambda^+, \tag{3.3.30}$$

其中

$$\lambda^{\mp} = \frac{\lambda_*}{1\pm\sqrt{1-2\dfrac{\lambda_*}{\lambda_R}+\dfrac{\lambda_*^2}{\lambda_R\lambda_S}}}, \tag{3.3.31$_p$}$$

$$\lambda^{\mp} = \frac{\lambda_*}{1 \pm \sqrt{1 - 2\frac{\lambda_*}{\lambda_S} + \frac{\lambda_*^2}{\lambda_S \lambda_T}}}. \qquad (3.3.31)_t$$

上列两个公式以完全相同的数学形式包含着一个未定参数 λ_* 和某个本征值的相邻两阶次的近似值 (λ_R, λ_S) 或 (λ_S, λ_T).

从公式 (3.3.31) 消去不定参数 λ_*, 可得到 λ^- 与 λ^+ 的直接的联系

$$\lambda^+\lambda^- - \lambda_S(\lambda^+ + \lambda^-) + \lambda_R\lambda_S = 0, \qquad (3.3.32)_p$$

$$\lambda^+\lambda^- - \lambda_T(\lambda^+ + \lambda^-) + \lambda_S\lambda_T = 0. \qquad (3.3.32)_t$$

这两个公式与公式 (3.2.14) 具有相同的数学形式. 关于怎样合理地选取 λ_* 或 λ^- 或 λ^+, 可参考上节的讨论.

基于 $\boldsymbol{M}$ 响应的上下限公式

对于同上的载荷残差 $\boldsymbol{f}$, $\boldsymbol{M}$ 响应 $\boldsymbol{x}_m$ 由下式决定:

$$-\lambda_*\boldsymbol{M}\boldsymbol{x}_m = \boldsymbol{f} = (\boldsymbol{K} - \lambda_*\boldsymbol{M})\boldsymbol{x}_d, \qquad (3.3.33)$$

由此得到

$$\boldsymbol{x}_m = -\frac{1}{\lambda_*}\boldsymbol{M}^{-1}\boldsymbol{f} = \left(1 - \frac{1}{\lambda_*}\boldsymbol{M}^{-1}\boldsymbol{K}\right)\boldsymbol{x}_d. \qquad (3.3.34)$$

与 $\boldsymbol{x}_d$ 和 $\boldsymbol{x}_m$ 对应的应变能和动能系数分别为

$$\begin{aligned} \Pi(\boldsymbol{x}_d) &= \frac{1}{2}\boldsymbol{x}_d^T\boldsymbol{K}\boldsymbol{x}_d, \quad T(\boldsymbol{x}_d) = \frac{1}{2}\boldsymbol{x}_d^T\boldsymbol{M}\boldsymbol{x}_d, \\ \Pi(\boldsymbol{x}_m) &= \frac{1}{2}\boldsymbol{x}_m^T\boldsymbol{K}\boldsymbol{x}_m, \quad T(\boldsymbol{x}_m) = \frac{1}{2}\boldsymbol{x}_m^T\boldsymbol{M}\boldsymbol{x}_m. \end{aligned} \qquad (3.3.35)$$

基于 $\boldsymbol{M}$ 响应的两种能量放大倍数为

$$\nu_p = \sqrt{\frac{\boldsymbol{x}_d^T\boldsymbol{K}\boldsymbol{x}_d}{\boldsymbol{x}_m^T\boldsymbol{K}\boldsymbol{x}_m}}, \quad \nu_t = \sqrt{\frac{\boldsymbol{x}_d^T\boldsymbol{M}\boldsymbol{x}_d}{\boldsymbol{x}_m^T\boldsymbol{M}\boldsymbol{x}_m}}. \qquad (3.3.36)$$

为了从数学上证明公式 (3.3.8b), 仍设想把 $\boldsymbol{x}_d$ 按本征列阵展开如公式 (3.3.20). 于是根据公式 (3.3.34) 有

$$\boldsymbol{x}_m = \sum_i \left(1 - \frac{\lambda_i}{\lambda_*}\right)\boldsymbol{\varphi}_i a_i. \qquad (3.3.37)$$

进一步有

$$x_d^T M x_d = \sum_i a_i^2,$$

$$x_m^T M x_m = \sum_i \left(1 - \frac{\lambda_i}{\lambda_*}\right)^2 a_i^2,$$

$$x_d^T K x_d = \sum_i \lambda_i a_i^2, \tag{3.3.38}$$

$$x_m^T K x_m = \sum_i \left(1 - \frac{\lambda_i}{\lambda_*}\right)^2 \lambda_i a_i^2.$$

$$\nu_p^2 = \frac{x_d^T K x_d}{x_m^T K x_m} = \frac{\sum_i \lambda_i a_i^2}{\sum_i \left(1 - \frac{\lambda_i}{\lambda_*}\right)^2 \lambda_i a_i^2} \leqslant \max_i \frac{1}{\left(1 - \frac{\lambda_i}{\lambda_*}\right)^2},$$

(3.3.39)$_p$

$$\nu_t^2 = \frac{x_d^T M x_d}{x_m^T M x_m} = \frac{\sum_i a_i^2}{\sum_i \left(1 - \frac{\lambda_i}{\lambda_*}\right)^2 a_i^2} \leqslant \max_i \frac{1}{\left(1 - \frac{\lambda_i}{\lambda_*}\right)^2}.$$

(3.3.39)$_t$

此即公式 (3.3.8b). 到此补齐了数学证明.

和前面讨论的情况类似，基于 M 响应的上下限也随参数 λ_* 的改变而改变，其显式也可用三个类似的参数来表示. 为此引进一个新的列阵 x_{d-1} 如下:

$$x_m = x_d - \frac{1}{\lambda_*} x_{d-1}, \quad x_{d-1} = M^{-1} K x_d, \tag{3.3.40}$$

x_{d-1} 是从 x_d 迭代一次得到的. 从两个列阵 x_{d-1} 和 x_d 可计算三个应变能和三个动能系数如下:

$$x_{d-1}^T K x_{d-1}, \quad x_{d-1}^T K x_d, \quad x_d^T K x_d,$$
$$x_{d-1}^T M x_{d-1}, \quad x_{d-1}^T M x_d, \quad x_d^T M x_d.$$

由此可求得三个比值

$$\lambda_p = \frac{x_{d-1}^T K x_{d-1}}{x_d^T K x_{d-1}} = \frac{x_{d-1}^T K x_{d-1}}{x_{d-1}^T M x_{d-1}},$$

$$\lambda_q = \frac{x_{d-1}^T M x_{d-1}}{x_d^T M x_{d-1}} = \frac{x_d^T K x_{d-1}}{x_d^T K x_d}, \tag{3.3.41}$$

$$\lambda_R = \frac{\boldsymbol{x}_d^T \boldsymbol{M} \boldsymbol{x}_{d-1}}{\boldsymbol{x}_d^T \boldsymbol{M} \boldsymbol{x}_d} = \frac{\boldsymbol{x}_d^T \boldsymbol{K} \boldsymbol{x}_d}{\boldsymbol{x}_d^T \boldsymbol{M} \boldsymbol{x}_d}.$$

这三个比值也是某个本征值的相邻三阶次的近似值，特别是 λ_p 和 λ_R 分别是基于 $\boldsymbol{x}_{d-1}$ 和 $\boldsymbol{x}_d$ 的瑞利商. 利用这三个比值，能量放大倍数可表示为

$$\frac{1}{\nu_p^2} = \frac{\left(\boldsymbol{x}_d - \frac{1}{\lambda_*}\boldsymbol{x}_{d-1}\right)^T K \left(\boldsymbol{x}_d - \frac{1}{\lambda_*}\boldsymbol{x}_{d-1}\right)}{\boldsymbol{x}_d^T \boldsymbol{K} \boldsymbol{x}_d}$$

$$= 1 - 2\frac{\lambda_q}{\lambda_*} + \frac{\lambda_p \lambda_q}{\lambda_*^2}, \qquad (3.3.42)_p$$

$$\frac{1}{\nu_t^2} = \frac{\left(\boldsymbol{x}_d - \frac{1}{\lambda_*}\boldsymbol{x}_{d-1}\right)^T \boldsymbol{M} \left(\boldsymbol{x}_d - \frac{1}{\lambda_*}\boldsymbol{x}_{d-1}\right)}{\boldsymbol{x}_d^T \boldsymbol{M} \boldsymbol{x}_d}$$

$$= 1 - 2\frac{\lambda_R}{\lambda_*} + \frac{\lambda_q \lambda_R}{\lambda_*^2}. \qquad (3.3.42)_t$$

这样公式 (3.3.13) 便可表达为

$$\lambda^- \leqslant \lambda \leqslant \lambda^+, \qquad (3.3.43)$$

其中

$$\lambda^{\mp} = \lambda_* \left(1 \mp \sqrt{1 - 2\frac{\lambda_q}{\lambda_*} + \frac{\lambda_p \lambda_q}{\lambda_*^2}}\right), \qquad (3.3.44)_p$$

$$\lambda^{\mp} = \lambda_* \left(1 \mp \sqrt{1 - 2\frac{\lambda_R}{\lambda_*} + \frac{\lambda_q \lambda_R}{\lambda_*^2}}\right). \qquad (3.3.44)_t$$

这两个公式也具有完全相同的数学形式. 公式 $(3.3.44)_t$ 与(3.2.21)全同.

从公式 (3.3.44) 消去不定参数 λ_* 可得到 λ^- 与 λ^+ 的直接的联系

$$\lambda^+\lambda^- - \lambda_q(\lambda^+ + \lambda^-) + \lambda_p \lambda_q = 0, \qquad (3.3.45)_p$$

$$\lambda^+\lambda^- - \lambda_R(\lambda^+ + \lambda^-) + \lambda_q \lambda_R = 0. \qquad (3.3.45)_t$$

这两个公式也具有相同的数学形式. 公式 $(3.3.45)_t$ 曾由 Temple[29] 导出.

注. 上面假定 $\boldsymbol{K}$ 和 $\boldsymbol{M}$ 都是正定的，从而定义了四种放大倍

数．当 $\boldsymbol{K}$ 和 $\boldsymbol{M}$ 为非正定时，有些放大倍数继续存在，因此从这些放大倍数导出的上下限公式继续适用．下表列出了八种情况下各存在哪几种放大倍数．例如在 $\boldsymbol{M}$ 半正定、$\boldsymbol{K}$ 可正可负但非奇异的情况，μ_t 存在，但其它三种放大倍数不存在．表中有两种情况，四种放大倍数都不存在．

M \ K		非负		不定(可正可负)	
		正定	半正定	非奇异	奇异
非负	正定	μ_p, μ_t ν_p, ν_t	ν_p, ν_t	μ_t, ν_t	ν_t
	半正定			μ_t	

§ 3.4 质量包含定理和刚度包含定理[5]

我们注意到，对于工程中经常遇到的振动问题，刚度矩阵 $\boldsymbol{K}$ 和质量矩阵 $\boldsymbol{M}$ 可表示为

$$\boldsymbol{K}=\boldsymbol{K}_1+\boldsymbol{K}_2+\cdots+\boldsymbol{K}_S, \tag{3.4.1a}$$

$$\boldsymbol{M}=\boldsymbol{M}_1+\boldsymbol{M}_2+\cdots+\boldsymbol{M}_S. \tag{3.4.1b}$$

其中 $\boldsymbol{K}_j$ 和 $\boldsymbol{M}_j$ 为半正定的（有时也可能是正定的）对称矩阵．这样的分解可以叫做非负分解．给定一个非负矩阵，要将它作非负分解，单纯从数学上考虑可能难于下手．但是在有力学背景的情况下，非负分解并不困难．例如在有限单元法中，$\boldsymbol{K}_j$ 和 $\boldsymbol{M}_j$ 可取作单元刚度矩阵和单元质量矩阵；在子结构法中，$\boldsymbol{K}_j$ 和 $\boldsymbol{M}_j$ 可取作子结构的同名矩阵．此外，我们还可以利用近似解作非负分解．

当 $\boldsymbol{K}$ 和 $\boldsymbol{M}$ 能作非负分解时，我们有下列两个包含定理．

质量包含定理 对于一组给定的量 $l_1, l_2, \cdots, l_s$，如果齐次方程

$$\boldsymbol{K}\boldsymbol{x}-(l_1\boldsymbol{M}_1+l_2\boldsymbol{M}_2+\cdots+l_s\boldsymbol{M}_s)\boldsymbol{x}=0 \tag{3.4.2}$$

有非零解，那么广义本征值问题 §1.1 方程 (1.1.2) 在区间

$$\lambda^-\leqslant\lambda\leqslant\lambda^+ \tag{3.4.3}$$

内至少有一个本征值，其中

$$\lambda^{-}=\min_{j} l_j,\quad \lambda^{+}=\max_{j} l_j. \tag{3.4.4}$$

证明如下．考虑一个新的本征值问题

$$\boldsymbol{K x}-\boldsymbol{\mu}(l_1\boldsymbol{M}_1+l_2\boldsymbol{M}_2+\cdots+l_s\boldsymbol{M}_s)\boldsymbol{x}=\boldsymbol{0}, \tag{3.4.5}$$

其中 μ 为本征值．根据题设，方程 (3.4.5) 有一个本征值（设为 μ_k）为

$$\mu_k=1. \tag{3.4.6}$$

现在设想把 l_j 看作可变的参数，而把 μ_k 看作是 l_j 的函数．因为 $\boldsymbol{M}_j$ 都是半正定的矩阵，所以 l_j 增加时 μ_k 减小或不变，而 l_j 减小时 μ_k 增加或不变．因此我们能够做到让较小的几个 l_j 增加、较大的几个 l_j 减小而保持 $\mu_k=1$ 不变．在极端情况下所有的 l_j 都趋于一个公共值 λ：

$$\lambda^{-}\leqslant\lambda\leqslant\lambda^{+}.$$

这个公共值能使

$$\boldsymbol{K x}-\mu\lambda(\boldsymbol{M}_1+\boldsymbol{M}_2+\cdots+\boldsymbol{M}_s)\boldsymbol{x}=\boldsymbol{0}$$

的一个本征值 $\mu_k=1$，即齐次方程

$$\boldsymbol{K x}-\lambda(\boldsymbol{M}_1+\boldsymbol{M}_2+\cdots+\boldsymbol{M}_s)\boldsymbol{x}=\boldsymbol{0}$$

有非零解．证毕．

当 $\boldsymbol{M}$ 为对角矩阵时，我们可以取 $s=N$，并且使 $\boldsymbol{M}_j$ 分别只有一个主元不等于零．这样质量包含定理便退化到 § 3.1 介绍的 Collatz 讨论过的情况．所以我们的质量包含定理是 Collatz 包含定理的推广．

作为一个例子，继续来考虑本征值问题 (3.1.7)．现在将它改变为

$$\begin{bmatrix}2&1\\1&1\end{bmatrix}\begin{bmatrix}x_1\\x_2\end{bmatrix}=\left\{l_1\begin{bmatrix}4&2\\2&1\end{bmatrix}+l_2\begin{bmatrix}1&0\\0&0\end{bmatrix}\right\}\begin{bmatrix}x_1\\x_2\end{bmatrix}.$$

可见 $x_1=1$，$x_2=-0.5$，$l_1=1/3$，$l_2=0.5$ 是一组解．于是根据质量包含定理得知在 $1/3\leqslant\lambda\leqslant1/2$ 内有本征值 (0.382)．

刚度包含定理　对于一组给定的量 $l_1, l_2,\cdots,l_s$，如果齐次方

程

$$\left(\frac{1}{l_1}\boldsymbol{K}_1+\frac{1}{l_2}\boldsymbol{K}_2+\cdots+\frac{1}{l_s}\boldsymbol{K}_s\right)\boldsymbol{x}-\boldsymbol{M}\boldsymbol{x}=0 \qquad (3.4.7)$$

有非零解，那末广义本征值问题 §1.1 方程 (1.1.2) 在区间

$$\lambda^-\leqslant\lambda\leqslant\lambda^+ \qquad (3.4.8)$$

内至少有一个本征值，其中

$$\lambda^-=\min_j l_j,\quad \lambda^+=\max_j l_j. \qquad (3.4.9)$$

此定理的证明很容易．把原来的问题改写成为

$$\boldsymbol{M}\boldsymbol{x}-\frac{1}{\lambda}\boldsymbol{K}\boldsymbol{x}=0, \qquad (3.4.10)$$

便可以从质量包含定理导出刚度包含定理．

质量包含定理或刚度包含定理在实际工作中如何应用，现在还没有深入细致的研究．现在谈谈初步设想．设已求得了 §1.1 方程 (1.1.2) 的某一个本征值的近似值 λ'，但不清楚它是该本征值的上限还是下限．现在希望再找一个近似的本征值 λ''，以便把精确值包含在 λ' 和 λ'' 之间．为此目的，可以把 $\boldsymbol{M}$ 作非负分解为两项之和

$$\boldsymbol{M}=\boldsymbol{M}_1+\boldsymbol{M}_2, \qquad (3.4.11)$$

并从原来的问题设立一个新问题

$$\boldsymbol{K}\boldsymbol{x}-(\lambda'\boldsymbol{M}_1+\lambda^*\boldsymbol{M}_2)\boldsymbol{x}=\boldsymbol{0}. \qquad (3.4.12a)$$

即

$$(\boldsymbol{K}-\lambda'\boldsymbol{M}_1)\boldsymbol{x}-\lambda^*\boldsymbol{M}_2\boldsymbol{x}=\boldsymbol{0}. \qquad (3.4.12b)$$

式中 λ^* 是待求的新的本征值．方程 (3.4.12) 的本征值可能有许多个．如果有一个 λ^* 与 λ' 相等，则表明 λ' 是精确解．如果所有的 λ^* 都在 λ' 的一边(大于或小于 λ')，那末把最靠近 λ' 的那个 λ^* 取作 λ''．于是根据质量包含定理可知，在 λ' 与 λ'' 之间必有本征值，即 λ'，λ'' 为某本征值的上下限．如果 λ^* 中有比 λ' 大的，也有比 λ' 小的，那末把比 λ' 稍小和稍大的两个 λ^* 分别记作 λ''_- 和 λ''_+．于是根据质量包含定理可知，在两个区间

$$\lambda''_-\leqslant\lambda\leqslant\lambda',\quad \lambda'\leqslant\lambda\leqslant\lambda''_+ \qquad (3.4.13)$$

内，至少各有一个本征值.

质量包含定理还提供了一个能够使上下限同时逼近精确值的迭代法. 这个方法的步骤如下. 根据给定的近似值 λ'，从方程 (3.4.12) 求一个适当的新本征值 λ''. 精确解既然落在 λ'' 和 λ' 之间，我们可以取适当的比数 α, β:

$$\alpha > 0,\ \beta > 0,\ \alpha + \beta = 1, \tag{3.4.14a}$$

而取

$$\lambda = \alpha\lambda' + \beta\lambda'' \tag{3.4.14b}$$

作为新的本征值而重复以上过程. 在每一步迭代过程中，比数 α, β 的值可以不同，它们可根据收敛情况随时调整. 在收敛规律还不清楚的情况下，不妨把 α 取大一点. 这是一种稳扎稳打的办法. 在收敛规律已明朗的情况下，可调整 α, β 的值以加快收敛速度.

有一种取新的近似值的办法是把方程 (3.4.12) 的本征列阵 $\boldsymbol{x}$ 看作是原问题 §1.1 方程 (1.1.2) 的近似解，于是利用瑞利商有

$$\lambda = \frac{\boldsymbol{x}^T\boldsymbol{K}\boldsymbol{x}}{\boldsymbol{x}^T\boldsymbol{M}\boldsymbol{x}}. \tag{3.4.15}$$

从新问题 (3.4.12) 可证明

$$\boldsymbol{x}^T\boldsymbol{K}\boldsymbol{x} = \lambda'\boldsymbol{x}^T\boldsymbol{M}_1\boldsymbol{x} + \lambda''\boldsymbol{x}^T\boldsymbol{M}_2\boldsymbol{x}, \tag{3.4.16}$$

因而公式 (3.4.15) 可改写成为

$$\lambda = \frac{\lambda'\boldsymbol{x}^T\boldsymbol{M}_1\boldsymbol{x} + \lambda''\boldsymbol{x}^T\boldsymbol{M}_2\boldsymbol{x}}{\boldsymbol{x}^T\boldsymbol{M}_1\boldsymbol{x} + \boldsymbol{x}^T\boldsymbol{M}_2\boldsymbol{x}}. \tag{3.4.17}$$

对比 (3.4.14b), (3.4.17) 两式可见，(3.4.15) 式的取法相当于把比数 α, β 正比于各自的动能

$$\alpha:\beta = \boldsymbol{x}^T\boldsymbol{M}_1\boldsymbol{x}:\boldsymbol{x}^T\boldsymbol{M}_2\boldsymbol{x}. \tag{3.4.18}$$

在实际工作中本法的成效取决于非负分解 (3.4.11) 是否适宜. 对于预想中的某一阶本征值，最好 $\boldsymbol{M}_2$ 是起主要作用的质量矩阵，而 $\boldsymbol{M}_1$ 是只起次要作用的质量矩阵. 这样可能会有较好的收敛性. 这样说来，上面说明的迭代法可以叫做主次质量（或刚度）的降阶迭代法.

下面建议一种利用近似解的主次质量分解法. 设

$$\boldsymbol{x}=\boldsymbol{\varphi}', \quad \lambda=\lambda' \tag{3.4.19}$$

是某一阶固有振动的近似解，并且 $\boldsymbol{\varphi}'$ 已经按动能系数归一化了

$$\boldsymbol{\varphi}'^T\boldsymbol{M}\boldsymbol{\varphi}'=1. \tag{3.4.20}$$

有了这个近似解，我们可以取

$$\boldsymbol{M}_2=\boldsymbol{M}\boldsymbol{\varphi}'\boldsymbol{\varphi}'^T\boldsymbol{M}, \tag{3.4.21a}$$

$$\boldsymbol{M}_1=\boldsymbol{M}-\boldsymbol{M}_2. \tag{3.4.21b}$$

$\boldsymbol{M}_2$ 显然是非负的:

$$\boldsymbol{x}^T\boldsymbol{M}_2\boldsymbol{x}=\boldsymbol{x}^T\boldsymbol{M}\boldsymbol{\varphi}'\boldsymbol{\varphi}'^T\boldsymbol{M}\boldsymbol{x}=(\boldsymbol{\varphi}'^T\boldsymbol{M}\boldsymbol{x})^2\geqslant 0. \tag{3.4.22}$$

$\boldsymbol{M}_1$ 也是非负的，这可证明如下．设 $\boldsymbol{x}$ 是任给的一个列阵．命

$$\xi=\boldsymbol{\varphi}'^T\boldsymbol{M}\boldsymbol{x}, \tag{3.4.23}$$

$$\boldsymbol{y}=\boldsymbol{x}-\boldsymbol{\varphi}'\xi, \quad \boldsymbol{x}=\boldsymbol{y}+\boldsymbol{\varphi}'\xi. \tag{3.4.24}$$

于是有

$$\begin{aligned}\boldsymbol{\varphi}'^T\boldsymbol{M}\boldsymbol{y}&=\boldsymbol{\varphi}'^T\boldsymbol{M}(\boldsymbol{x}-\boldsymbol{\varphi}'\xi)\\&=\boldsymbol{\varphi}'^T\boldsymbol{M}\boldsymbol{x}-\boldsymbol{\varphi}'^T\boldsymbol{M}\boldsymbol{\varphi}'\xi=\xi-\xi=0.\end{aligned} \tag{3.4.25}$$

此式表明 $\boldsymbol{\varphi}'$ 与 $\boldsymbol{y}$ 正交．这样进一步有

$$\begin{aligned}\boldsymbol{x}^T\boldsymbol{M}_1\boldsymbol{x}&=\boldsymbol{x}^T(\boldsymbol{M}-\boldsymbol{M}\boldsymbol{\varphi}'\boldsymbol{\varphi}'^T\boldsymbol{M})\boldsymbol{x}=\boldsymbol{x}^T\boldsymbol{M}\boldsymbol{x}-\xi^2\\&=(\boldsymbol{y}+\boldsymbol{\varphi}'\xi)^T\boldsymbol{M}(\boldsymbol{y}+\boldsymbol{\varphi}'\xi)-\xi^2\\&=\boldsymbol{y}^T\boldsymbol{M}\boldsymbol{y}+\xi^2-\xi^2=\boldsymbol{y}^T\boldsymbol{M}\boldsymbol{y}\geqslant 0.\end{aligned} \tag{3.4.26}$$

$\boldsymbol{M}_1$ 的非负性证毕．

对于这样选定的 $\boldsymbol{M}_1$ 和 $\boldsymbol{M}_2$，方程 (3.4.12b) 变为

$$(\boldsymbol{K}-\lambda'\boldsymbol{M}_1)\boldsymbol{x}=\lambda^*\boldsymbol{M}_2\boldsymbol{x}=\lambda^*\boldsymbol{M}\boldsymbol{\varphi}'\boldsymbol{\varphi}'^T\boldsymbol{M}\boldsymbol{x}. \tag{3.4.27}$$

在这个本征值问题中只有一个自由度有质量，它的解很容易求得．仍按公式 (3.4.23) 引进中间变量 ξ．这样方程 (3.4.27) 可改写为

$$(\boldsymbol{K}-\lambda'\boldsymbol{M}_1)\boldsymbol{x}=\xi\lambda^*\boldsymbol{M}\boldsymbol{\varphi}'. \tag{3.4.28}$$

如果 $(\boldsymbol{K}-\lambda'\boldsymbol{M})$ 是奇异矩阵，那末显然 $\lambda^*=0$．如果 $(\boldsymbol{K}-\lambda'\boldsymbol{M})$ 为非奇异，那末可以从上式解出 $\boldsymbol{x}$:

$$\boldsymbol{x}=\xi\lambda^*(\boldsymbol{K}-\lambda'\boldsymbol{M}_1)^{-1}\boldsymbol{M}\boldsymbol{\varphi}'. \tag{3.4.29}$$

这便是新的本征列阵的公式．其中的复合常数 $\xi\lambda^*$ 可由归一条件确定．用 $\boldsymbol{\varphi}'^T\boldsymbol{M}$ 前乘 (3.4.29) 式，得到

$$\xi=\xi\lambda^*\boldsymbol{\varphi}'^T\boldsymbol{M}(\boldsymbol{K}-\lambda'\boldsymbol{M}_1)^{-1}\boldsymbol{M}\boldsymbol{\varphi}'.$$

由此立即得到

$$\frac{1}{\lambda_*}=\boldsymbol{\varphi}'^T\boldsymbol{M}(\boldsymbol{K}-\lambda'\boldsymbol{M}_1)^{-1}\boldsymbol{M}\boldsymbol{\varphi}'. \tag{3.4.30}$$

(λ', λ^*) 便是某阶本征值的上下限.

如果我们准备用迭代法进一步改进近似解的精度，那末可以根据新的本征列阵 (3.4.29) 及相应的瑞利商作为第二轮迭代的起点.

上面说明的迭代法的工作量主要在计算一系列的逆矩阵 $(\boldsymbol{K}-\lambda'\boldsymbol{M}_1)^{-1}$. 由于 $\boldsymbol{M}_1$ 只起次要的作用，因此我们可以把 $\boldsymbol{M}_1$ 看作小量[1). 于是在 $\boldsymbol{K}$ 非奇异时有近似公式

$$(\boldsymbol{K}-\lambda'\boldsymbol{M}_1)^{-1}=\boldsymbol{K}^{-1}+\lambda'\boldsymbol{K}^{-1}\boldsymbol{M}_1\boldsymbol{K}^{-1}. \tag{3.4.31}$$

这样在迭代过程中我们实际上只需要计算一个逆矩阵 $\boldsymbol{K}^{-1}$.

例 设

$$\boldsymbol{K}=\begin{bmatrix} 5.00000, & -1.41420, & 0 \\ -1.41420, & 1.50000, & -0.40820 \\ 0, & -0.40820, & 0.33333 \end{bmatrix}, \quad \boldsymbol{M}=\begin{bmatrix} 1 & 0 & 0 \\ 0 & 1 & 0 \\ 0 & 0 & 1 \end{bmatrix}$$

的初始值及三次迭代所得之结果如附表所示. 每一次的 λ 值是按本次的 $\boldsymbol{\varphi}$ 用瑞利商求得的. 初始列阵虽然取得很差，但经二次迭代后，λ 的值已达到了四位精度

	初始值	1 次迭代	2 次迭代	3 次迭代
$\boldsymbol{\varphi}$	0 0 1	0.09793 0.34623 0.93302	0.11377 0.39151 0.91311	0.11591 0.39736 0.91031
λ 精确值 0.15466	0.33333	0.15831	0.15472	0.15466

在我们的主次质量降阶迭代法之前，张文、侯志坤[10] 和曲乃

1) 所谓 $\boldsymbol{M}_1$ 小，不是指 $\lambda'\boldsymbol{M}_1$ 中的元比 $\boldsymbol{K}$ 小得很多，而仅仅是指 $\boldsymbol{M}_1$ 提供的能量较小. 这就是说，当

$$\boldsymbol{\varphi}'^T\boldsymbol{M}\boldsymbol{K}^{-1}\boldsymbol{M}\boldsymbol{\varphi}' \gg \lambda'\boldsymbol{\varphi}'^T\boldsymbol{M}\boldsymbol{K}^{-1}\boldsymbol{M}_1\boldsymbol{K}^{-1}\boldsymbol{M}\boldsymbol{\varphi}'$$

时，公式 (3.4.31) 便是可用的.

泗[8]依据 Kuhar-Stale[24] 的动力变换法提出了一种可以称之为主次坐标的降阶迭代法．现简要地介绍如下．

先把坐标划分为主次两部分，然后调整坐标的编号顺序，使得所有的主要坐标在前，记为 $\boldsymbol{x}_m$，次要坐标在后，记为 $\boldsymbol{x}_s$．这样有

$$\boldsymbol{x} = [\boldsymbol{x}_m^T,\ \boldsymbol{x}_s^T]^T. \tag{3.4.32}$$

把刚度矩阵和质量矩阵作对应的划分，于是 § 1.1 方程 (1.1.2) 可写成为

$$(\boldsymbol{K}_{mm} - \lambda \boldsymbol{M}_{mm})\boldsymbol{x}_m + (\boldsymbol{K}_{ms} - \lambda \boldsymbol{M}_{ms})\boldsymbol{x}_s = \boldsymbol{0}, \tag{3.4.33a}$$

$$(\boldsymbol{K}_{ms}^T - \lambda \boldsymbol{M}_{ms}^T)\boldsymbol{x}_m + (\boldsymbol{K}_{ss} - \lambda \boldsymbol{M}_{ss})\boldsymbol{x}_s = \boldsymbol{0}. \tag{3.4.33b}$$

和以前一样，命 λ' 为某一初估的本征值，λ^* 为迭代一步后求出的新的近似值．张文、侯志坤假定 $\boldsymbol{x}_s$ 所引起的惯性力只起次要的作用，而认为方程 (3.4.33b) 可近似地代以

$$(\boldsymbol{K}_{ms}^T - \lambda' \boldsymbol{M}_{ms}^T)\boldsymbol{x}_m + (\boldsymbol{K}_{ss} - \lambda' \boldsymbol{M}_{ss})\boldsymbol{x}_s = \boldsymbol{0}. \tag{3.4.34}$$

根据这个方程可用 $\boldsymbol{x}_m$ 表示 $\boldsymbol{x}_s$：

$$\boldsymbol{x}_s = \boldsymbol{S}(\lambda')\boldsymbol{x}_m, \tag{3.4.35}$$

其中

$$\boldsymbol{S}(\lambda') = -(\boldsymbol{K}_{ss} - \lambda' \boldsymbol{M}_{ss})^{-1}(\boldsymbol{K}_{ms}^T - \lambda' \boldsymbol{M}_{ms}^T). \tag{3.4.36}$$

现在可以把 (3.4.35) 式看作是一种简化假设，而用里兹法对原方程 (3.4.33) 降阶．这样便得到近似的方程

$$(\bar{\boldsymbol{K}}_{mm} - \lambda^* \bar{\boldsymbol{M}}_{mm})\boldsymbol{x}_m = \boldsymbol{0}, \tag{3.4.37}$$

其中

$$\begin{aligned}\bar{\boldsymbol{K}}_{mm} &= \boldsymbol{K}_{mm} + \boldsymbol{K}_{ms}\boldsymbol{S}(\lambda') + \boldsymbol{S}^T(\lambda')\boldsymbol{K}_{ms}^T + \boldsymbol{S}^T(\lambda')\boldsymbol{K}_{ss}\boldsymbol{S}(\lambda'),\\ \bar{\boldsymbol{M}}_{mm} &= \boldsymbol{M}_{mm} + \boldsymbol{M}_{ms}\boldsymbol{S}(\lambda') + \boldsymbol{S}^T(\lambda')\boldsymbol{M}_{ms}^T + \boldsymbol{S}^T(\lambda')\boldsymbol{M}_{ss}\boldsymbol{S}(\lambda').\end{aligned} \tag{3.4.38}$$

方程 (3.4.37) 是一个降阶了的本征值问题，这就是降阶迭代法名称的由来．张文、侯志坤证明了，如果初始值 λ' 很接近某一本征值 λ_i，那末他们的迭代法能收敛到此本征值 λ_i．但是这个 λ_i 不一定在 λ' 与 λ^* 之间，所以他们的做法不属于包含定理的类型．

我们的迭代法也可以说是张文-侯志坤迭代法的一种改进，即把按坐标划分主次改为按质量划分主次．由于观点上的这一改

变，保证了精确值落在 λ' 与 λ^* 之间.

§3.5 势能不耦合情况下本征值的下限[7]

设想将广义坐标 $\boldsymbol{x}$ 划分成 n 组

$$\boldsymbol{x}=[\boldsymbol{x}_1^T,\boldsymbol{x}_2^T,\cdots,\boldsymbol{x}_n^T]^T. \tag{3.5.1}$$

对刚度矩阵和质量矩阵作相应的分块．这样振动方程可写成为

$$\begin{bmatrix} \boldsymbol{K}_{11}-\lambda\boldsymbol{M}_{11}, & \boldsymbol{K}_{12}-\lambda\boldsymbol{M}_{12}, & \cdots\cdots & \boldsymbol{K}_{1n}-\lambda\boldsymbol{M}_{1n} \\ & \boldsymbol{K}_{22}-\lambda\boldsymbol{M}_{22}, & \cdots\cdots & \boldsymbol{K}_{2n}-\lambda\boldsymbol{M}_{2n} \\ \text{对} & \cdots\cdots & \cdots\cdots & \cdots\cdots \\ \quad\text{称} & & & \boldsymbol{K}_{nn}-\lambda\boldsymbol{M}_{nn} \end{bmatrix}\begin{bmatrix}\boldsymbol{x}_1\\ \boldsymbol{x}_2\\ \vdots\\ \boldsymbol{x}_n\end{bmatrix}=0. \tag{3.5.2}$$

本节专门讨论

$$\boldsymbol{K}_{ij}=0(i\neq j,\ i,\ j=1,\ 2,\cdots,\ n) \tag{3.5.3}$$

这样一类特殊系统[1)]．这类系统的势能 Π 和动能系数 T 有如下的算式：

$$\Pi=\frac{1}{2}\sum_{i=1}^{n}\boldsymbol{x}_i^T\boldsymbol{K}_{ii}\boldsymbol{x}_i, \tag{3.5.4}$$

$$T=\frac{1}{2}\sum_{i,j=1}^{n}\sum\boldsymbol{x}_i^T\boldsymbol{M}_{ij}\boldsymbol{x}_j. \tag{3.5.5}$$

这类系统的特点是 n 组坐标 $\boldsymbol{x}_i$ 在势能上不耦合，而只在动能上耦合．所以在文献 [9] 中把这类系统叫做惯性耦合系统，并把一般系统改造为惯性耦合系统的方法叫做惯性耦合法．势能不耦合情况有许多特点．最主要的一点可以说是便于应用子空间迭代法．本节讨论另一个特点，即可以用分解刚度法求前几个固有频率的下限．分解刚度法是首先由 Bijlaard[13] 用来求夹层板的临界载荷，后来在专著 [11] 和 [2] 中推广用于平衡问题和振动问题．

设想保持某个 $\boldsymbol{K}_{ss}$ 不变而使其余的 $\boldsymbol{K}_{jj}$ $(j\neq s)$ 无限增加．这

1）第四章介绍的动态子结构法中，有几种能使势能不耦合．

样可得到 n 个部份刚化的结构：

$$\boldsymbol{K}_{ss}\boldsymbol{x}_s - \lambda \boldsymbol{M}_{ss}\boldsymbol{x}_s = \boldsymbol{0},\quad s = 1, 2, \cdots, n. \tag{3.5.6}$$

命这些部分刚化的结构的本征值为 λ_{s1}，$\lambda_{s2}\cdots$. λ_{si} 的第一个下标 s 指刚化结构的编号，第二个下标指本征值的编号. 根据分解刚度法，对于原系统的最小的本征值 λ_1 有近似公式

$$\frac{1}{\lambda_1} = \sum_{s=1}^{n} \frac{1}{\lambda_{s1}}. \tag{3.5.7}$$

据说这种形式的近似公式是最先由 Dunkevley[17] 用分解柔度的办法得到的. 下面我们来证明，由上式得到的近似值是最小本征值的下限，即

$$\frac{1}{\lambda_1} \leqslant \sum_{s=1}^{n} \frac{1}{\lambda_{s1}}. \tag{3.5.8}$$

命

$$[\boldsymbol{x}_1^T, \boldsymbol{x}_2^T, \cdots, \boldsymbol{x}_n^T]^T = [\boldsymbol{\varphi}_1^T, \boldsymbol{\varphi}_2^T, \cdots, \boldsymbol{\varphi}_n^T]^T \tag{3.5.9}$$

是原系统的与最小本征值对应的精确振型. 设想对原系统的 $\boldsymbol{x}_i$ 作一假设

$$\boldsymbol{x}_i = \xi_i \boldsymbol{\varphi}_i,\quad i = 1, 2, \cdots, n, \tag{3.5.10}$$

其中 ξ_i 是待定常数，而用里兹法求本征值. 因为算式 (3.5.10) 包含有精确振型，所以这样的里兹法能求得 λ_1 的精确值. 根据 §1.1 的变分式 (1.1.10)，有

$$\lambda_1 = \min_{\xi_i} \frac{\sum_{i=1}^{n} \Pi_{ii}\xi_i^2}{\sum\sum_{i,j=1}^{n} T_{ij}\xi_i\xi_j}, \tag{3.5.11}$$

其中

$$\Pi_{ii} = \frac{1}{2}\boldsymbol{\varphi}_i^T \boldsymbol{K}_{ii}\boldsymbol{\varphi}_i,\quad T_{ij} = \frac{1}{2}\boldsymbol{\varphi}_i^T \boldsymbol{M}_{ij}\boldsymbol{\varphi}_j. \tag{3.5.12}$$

为了以后方便起见，作一变数代换

$$\xi_i = \frac{\eta_i}{\sqrt{\Pi_{ii}}},\quad \eta_i = \sqrt{\Pi_{ii}}\ \xi_i. \tag{3.5.13}$$

这样变分式 (3.5.11) 简化为

$$\lambda_1 = \min_{\eta_i} \frac{\sum_{i=1}^{n} \eta_i^2}{\sum_{i,j=1}^{n}\sum \tau_{ij}\eta_i\eta_j}, \tag{3.5.14}$$

其中

$$\tau_{ij} = \frac{T_{ij}}{\sqrt{\Pi_{ii}\Pi_{jj}}}. \tag{3.5.15}$$

将变分式 (3.5.14) 转化为代数方程,并把 λ_1 改为 μ, 得到

$$(\boldsymbol{I}_n - \mu[\tau_{ij}])[\eta_i] = 0. \tag{3.5.16}$$

式中 $\boldsymbol{I}_n$ 是 n 阶的单位矩阵, $[\tau_{ij}]$ 和 $[\eta_i]$ 是以 τ_{ij} 和 η_i 为元的矩阵和列阵. μ 的特征方程是

$$|\boldsymbol{I}_n - \mu[\tau_{ij}]| = 0. \tag{3.5.17}$$

将此行列式展开,并按 μ 的升幂排齐,得到

$$1 + a_1\mu + a_2\mu^2 + \cdots + a_n\mu^n = 0. \tag{3.5.18}$$

系数 a_1 有如下的简单公式

$$a_1 = -\sum_{i=1}^{n} \tau_{ii}. \tag{3.5.19}$$

命 $\mu_1 \leqslant \mu_2 \leqslant \cdots \leqslant \mu_n$ 是特征方程 (3.5.18) 的 n 个根, 其中 $\mu_1 = \lambda_1$. 根据代数方程根与系数的关系知

$$\sum_{i=1}^{n} \frac{1}{\mu_i} = -a_1 = \sum_{i=1}^{n} \tau_{ii}. \tag{3.5.20}$$

保留此式左端的第一项 $1/\mu_1 = 1/\lambda_1$,而略去其余各项,得到不等式

$$\frac{1}{\lambda_1} \leqslant \sum_{i=1}^{n} \tau_{ii}. \tag{3.5.21}$$

又根据本征值的变分原理有

$$\frac{1}{\tau_{ii}} = \frac{\boldsymbol{\varphi}_i^T \boldsymbol{K}_{ii} \boldsymbol{\varphi}_i}{\boldsymbol{\varphi}_i^T \boldsymbol{M}_{ii} \boldsymbol{\varphi}_i} \geqslant \min_{\boldsymbol{x}_i} \frac{\boldsymbol{x}_i^T \boldsymbol{K}_{ii} \boldsymbol{x}_i}{\boldsymbol{x}_i^T \boldsymbol{M}_{ii} \boldsymbol{x}_i} = \lambda_{i1}. \tag{3.5.22}$$

将此代入 (3.5.21) 便得到前面的公式 (3.5.8).

为了得到原系统的第 2 个本征值 λ_2 的下限，可以联合应用瑞利约束定理（见 § 3.9）和上面说明的分解刚度法. 先对原系统施加一个自由度的约束

$$\sum_{i=1}^{n} \boldsymbol{a}_i^T \boldsymbol{x}_i = 0, \tag{3.5.23}$$

其中 $[\boldsymbol{a}_1^T, \boldsymbol{a}_2^T, \cdots \boldsymbol{a}_n^T]^T$ 是用某种方法求得的原系统的第一个本征列阵的近似解. 这样我们可得到一个具有 $(N-1)$ 个自由度的新系统. 根据瑞利约束定理，新系统的第一个本征值必不大于原系统的第二个本征值. 因为新系统保留着势能不耦合的特点，所以可以用分解刚度法求新系统的第一个本征值的下限，它也就是原系统的第二个本征值的下限. 至于求原系统的第三、第四、……等各个本征值的下限的方法可依此类推. 当然由于误差的积累，靠后的本征值的下限的精度是比较差的.

§ 3.6　实对称矩阵的非正本征值数[6]

设 $\boldsymbol{A}$ 是一个给定的对称矩阵，再选配一个对称正定的矩阵 $\boldsymbol{B}$，便可构成一个广义本征值问题

$$(\boldsymbol{A} - \mu \boldsymbol{B})\boldsymbol{x} = \boldsymbol{0}. \tag{3.6.1}$$

式中 μ 和 $\boldsymbol{x}$ 是待求的本征值和本征列阵. 由于 $\boldsymbol{A}$ 不限于正定的矩阵，方程 (3.6.1) 可能有负的或等于零的本征值. 方程 (3.6.1) 的负的以及等于零的本征值的个数(如有重本征值则计及其重数)定义为对称矩阵 $\boldsymbol{A}$ 的非正本征值数，记为 $N(\boldsymbol{A})$.

人们可能担心，方程 (3.6.1) 的非正本征值数不仅与矩阵 $\boldsymbol{A}$ 有关，并且还与矩阵 $\boldsymbol{B}$ 有关. 果真如此的话，上述定义就不合理了. 本征值 μ 的大小诚然与 $\boldsymbol{A}$, $\boldsymbol{B}$ 都有关，但是非正本征值的个数却只与 $\boldsymbol{A}$ 有关而与 $\boldsymbol{B}$ 无关. 这点可证明如下. 首先我们注意到，方程 (3.6.1) 的零本征值的个数与 $\boldsymbol{B}$ 无关. 其次，对于非零的本征值 μ，它的大小随 $\boldsymbol{B}$ 的改变而改变. 但当 $\boldsymbol{B}$ 保持为正定时，μ 是 $\boldsymbol{B}$ 的连续函数. 因此如果正的或负的本征值数有变化，必须有

某个本征值能跨过零．但是零本征值的个数与 $\boldsymbol{B}$ 无关而保持不变，因而非零本征值不可能跨过零．由此可知，当 $\boldsymbol{B}$ 变化时，负的 μ 只能在负的范围内变，正的 μ 只能在正的范围内变．这就是说，方程 (3.6.1) 的负的、零、正的本征值数，都只与 $\boldsymbol{A}$ 有关而与 $\boldsymbol{B}$ 无关．

为了计算对称矩阵 $\boldsymbol{A}$ 的非正本征值数 $N(\boldsymbol{A})$，并不非要根据它的定义，先选配一个对称正定矩阵 $\boldsymbol{B}$，然后解出本征值问题 (3.6.1)，最后点一下有几个非正的本征值．我们可以采用如下的简便的办法．将矩阵 $\boldsymbol{A}$ 作三因子分解

$$\boldsymbol{A} = \boldsymbol{L}\boldsymbol{D}\boldsymbol{L}^T, \tag{3.6.2}$$

其中 $\boldsymbol{L}$ 为非奇异的矩阵，$\boldsymbol{D}$ 是对角矩阵．这样的分解不止一种，任取一种便可以了．当 $\boldsymbol{A}$ 为非奇异时，一种简便易算的取法是使 $\boldsymbol{L}$ 为单位下三角矩阵（即对角线上的元全等于 1 的下三角矩阵）．$\boldsymbol{D}$ 的对角线上非正元的个数便是 $N(\boldsymbol{A})$．这个结论可证明如下．选取

$$\boldsymbol{B} = \boldsymbol{L}\boldsymbol{L}^T. \tag{3.6.3}$$

这样方程 (3.6.1) 变为

$$(\boldsymbol{L}\boldsymbol{D}\boldsymbol{L}^T - \mu\boldsymbol{L}\boldsymbol{L}^T)\boldsymbol{x} = \boldsymbol{0}. \tag{3.6.4}$$

用 $\boldsymbol{L}^{-1}$ 前乘此式，并命

$$\boldsymbol{L}^T\boldsymbol{x} = \boldsymbol{y}, \quad \boldsymbol{x} = (\boldsymbol{L}^T)^{-1}\boldsymbol{y}, \tag{3.6.5}$$

便有

$$(\boldsymbol{D} - \mu\boldsymbol{I})\boldsymbol{y} = \boldsymbol{0}. \tag{3.6.6}$$

由此可见，在 $\boldsymbol{B}$ 选取为 (3.6.3) 式的特殊情况下，$\boldsymbol{D}$ 的对角线上的元便是本征值．所以 $\boldsymbol{A}$ 的负、零、正本征值数分别等于 $\boldsymbol{D}$ 的对角线上负、零、正元的个数，这样有

$$N(\boldsymbol{A}) = N(\boldsymbol{D}) = \boldsymbol{D} \text{ 的对角线上非正元的个数}. \tag{3.6.7}$$

以上的证明附带地证明了，如果两个对称矩阵互为合同变换，那末它们具有相同个数的负、零、正本征值数．这个结论称为西勒维斯特惯性律．

§ 3.7 基于动刚度的本征值计数法

前几节介绍的本征值的包含理论(定理)可帮助我们断定在某区间内有本征值. 为了更有效地计算本征值，人们希望知道在某区间内究竟有多少个本征值. 对于这后一类问题，本征值的包含定理便无能为力了，这时可求助于本征值的计数理论.

设已给定了一个线性振动系统. 此系统的本征值计数函数 $J(\lambda)$ 定义为

$$J(\lambda^*) = \text{小于或等于 } \lambda^* \text{ 的本征值的个数}. \tag{3.7.1}$$

算出了这个函数，那末在区间

$$\lambda^- < \lambda \leqslant \lambda^+ \tag{3.7.2a}$$

内本征值的个数便是

$$J(\lambda^+) - J(\lambda^-). \tag{3.7.2b}$$

本章最后几节就介绍本征值计数函数的几种主要算法.

考虑 §1.1 方程 (1.1.2) 定义的本征值问题. 对 λ 作一平移

$$\lambda = \lambda^* + \mu. \tag{3.7.3}$$

这样得到

$$(\boldsymbol{A} - \mu \boldsymbol{M})\boldsymbol{x} = \boldsymbol{0}. \tag{3.7.4}$$

其中

$$\boldsymbol{A} = \boldsymbol{K} - \lambda^* \boldsymbol{M}. \tag{3.7.5}$$

在 $\boldsymbol{M}$ 为正定矩阵的情况下，方程 (3.7.4) 就与 (3.6.1) 属于同一类型. 由此可见，§1.1 方程 (1.1.2) 的小于或等于 λ^* 的本征值数 $J(\lambda^*)$等于方程 (3.7.4) 的非正本征值数，也就等于矩阵 $(\boldsymbol{K} - \lambda^* \boldsymbol{M})$ 的非正本征值数 $N(\boldsymbol{K} - \lambda^* \boldsymbol{M})$. 写成算式便是

$$J(\lambda^*) = N(\boldsymbol{K} - \lambda^* \boldsymbol{M}). \tag{3.7.6}$$

把公式 (3.6.7)，(3.7.6) 结合在一起，便得到一种简单的本征值计数法. 这种计数法见于 Bathe-Wilson 的专著 [12]. 他们原来是从 Sturm 定理导出这个方法的，证明相当繁. 用了非正本征值数的概念，证明就简单多了.

如果 $\boldsymbol{M}$ 是个半正定矩阵，那末方程 (3.7.4)，(3.6.1) 不属于同一类型，上面的推理不成立，公式 (3.7.6) 也不一定成立. 这时我们可以采用稍复杂一些的更一般性的推理来导出所需要的公式. 为此我们来考虑一个新的本征值问题

$$(\boldsymbol{K}-\lambda\boldsymbol{M})\boldsymbol{y}-\mu\boldsymbol{B}\boldsymbol{y}=\boldsymbol{0}. \tag{3.7.7}$$

其中 $\boldsymbol{B}$ 是一个随意选定的对称正定矩阵，μ 和 $\boldsymbol{y}$ 是待求的本征值和本征列阵. $\boldsymbol{B}$ 选定后，μ 是 λ 的函数. 当 λ 等于原系统的某一本征值时，μ 有一个本征值等于零. 由于 $\boldsymbol{M}$ 是非负的，当 λ 增加时 μ 必随之减小或保持不变. 当 λ 从小到大逐渐增加，每跨过原系统的一个本征值时，μ 必有一个本征值由大到小跨过零，即 $(\boldsymbol{K}-\lambda\boldsymbol{M})$ 增加了一个非正本征值. 由此可见在 $\lambda_l<\lambda\leqslant\lambda^*$ 的范围内的本征值数为

$$J(\lambda^*)-J(\lambda_l)=N(\boldsymbol{K}-\lambda^*\boldsymbol{M})-N(\boldsymbol{K}-\lambda_l\boldsymbol{M}). \tag{3.7.8}$$

如果把 λ_l 取得足够小，使得在 λ_l 以下没有原系统的本征值，即取 λ_l 为原系统的本征值的下限

$$\lambda_l<\lambda_1, \tag{3.7.9}$$

那末公式 (3.7.8) 可简化为

$$J(\lambda^*)=N(\boldsymbol{K}-\lambda^*\boldsymbol{M})-N(\boldsymbol{K}-\lambda_l\boldsymbol{M}). \tag{3.7.10}$$

这个公式是公式 (3.7.6) 的推广. 实际上当 $\boldsymbol{M}$ 为正定时，只要把 λ_l 取为绝对值很大的负数必能使

$$N(\boldsymbol{K}-\lambda_l\boldsymbol{M})=0,$$

这样公式 (3.7.10) 便退化为 (3.7.6).

§ 3.8 基于凝聚动刚度的本征值计数法

考虑一个 n 自由度的系统

$$(\boldsymbol{K}-\lambda\boldsymbol{M})\boldsymbol{x}=0. \tag{3.8.1}$$

在本节中我们只考虑 $\boldsymbol{K}$ 为非负的情况. 命此系统的本征值计数函数为 $J_n(\lambda)$. 根据公式 (3.7.10) 有

$$J_n(\lambda^*)=N(\boldsymbol{K}-\lambda^*\boldsymbol{M})-N(\boldsymbol{K}-\lambda_l\boldsymbol{M}). \tag{3.8.2}$$

这里 λ_l 是此系统的本征值的下限. 因为已假定了 $\boldsymbol{K}$ 为非负，所以当 λ_l 很小时有

$$N(\boldsymbol{K}-\lambda_l\boldsymbol{M})=\mathbf{0}.$$

这样便有简化公式

$$J_n(\lambda^*)=N(\boldsymbol{K}-\lambda^*\boldsymbol{M}). \tag{3.8.3}$$

现在设想对 $\boldsymbol{x}, \boldsymbol{K}, \boldsymbol{M}$ 进行分块

$$\begin{bmatrix}\boldsymbol{K}_{aa}-\lambda\boldsymbol{M}_{aa}, & \boldsymbol{K}_{ab}-\lambda\boldsymbol{M}_{ab}\\ \boldsymbol{K}_{ab}^{\mathrm{T}}-\lambda\boldsymbol{M}_{ab}^{\mathrm{T}}, & \boldsymbol{K}_{bb}-\lambda\boldsymbol{M}_{bb}\end{bmatrix}\begin{bmatrix}\boldsymbol{x}_a\\ \boldsymbol{x}_b\end{bmatrix}=0. \tag{3.8.4}$$

其中 $\boldsymbol{x}_a$ 和 $\boldsymbol{x}_b$ 分别为具有 r 个和 $(n-r)$ 个元的列阵. 现在在原系统上施加 r 个约束

$$\boldsymbol{x}_a=0. \tag{3.8.5}$$

这样便得到了一个 $(n-r)$ 自由度的新系统,其振动方程是

$$(\boldsymbol{K}_{bb}-\lambda\boldsymbol{M}_{bb})\boldsymbol{x}_b=0. \tag{3.8.6}$$

命此新系统的本征值计数函数为 $J_b(\lambda^*)$. 现在来讨论 $J_n(\lambda^*)$ 和 $J_b(\lambda^*)$ 的联系. 这个联系可以通过原系统的凝聚动刚度矩阵得到.

设 λ 不是新系统 (3.8.6) 的本征值. 这时对原系统可以从方程 (3.8.4) 的第二式解出

$$\boldsymbol{x}_b=-(\boldsymbol{K}_{bb}-\lambda\boldsymbol{M}_{bb})^{-1}(\boldsymbol{K}_{ab}-\lambda\boldsymbol{M}_{ab})^{T}\boldsymbol{x}_a. \tag{3.8.7}$$

将此式代入 (3.8.4) 的第一式,得到

$$\boldsymbol{D}_a(\lambda)\boldsymbol{x}_a=\mathbf{0}, \tag{3.8.8}$$

其中

$$\begin{aligned}\boldsymbol{D}_a(\lambda)=\boldsymbol{K}_{aa}-\lambda\boldsymbol{M}_{aa}-(\boldsymbol{K}_{ab}-\lambda\boldsymbol{M}_{ab})(\boldsymbol{K}_{bb}\\ -\lambda\boldsymbol{M}_{bb})^{-1}(\boldsymbol{K}_{ab}-\lambda\boldsymbol{M}_{ab})^{T}.\end{aligned} \tag{3.8.9}$$

矩阵 $\boldsymbol{D}_a(\lambda)$ 称为原系统的凝聚到自由度 $\boldsymbol{x}_a$ 上的凝聚动刚度矩阵[1)].

Wittrick-Williams[32],[33] 证明了，当 λ^* 不是新系统的本征值时,有

1) 详见本节附注的说明.

$$J_n(\lambda^*) = J_b(\lambda^*) + N[\boldsymbol{D}_a(\lambda^*)]. \tag{3.8.10}$$

式中的N仍指对称矩阵的非正本征值数。他们原来的证明较繁长。利用前节定义的对称矩阵的非正本征值数，再辅以一个简单的变量代换，即可证明公式 (3.8.10) 成立。

再来考虑原系统的问题。当 λ 不是新系统的本征值时，作变量代换(从公式 (3.8.7) 引伸出来)

$$\boldsymbol{x} = \boldsymbol{G}\boldsymbol{y}, \quad \boldsymbol{y} = \boldsymbol{G}^{-1}\boldsymbol{x}, \tag{3.8.11}$$

其中

$$\boldsymbol{G} = \begin{bmatrix} & \boldsymbol{I}_r, & \boldsymbol{0} \\ -(\boldsymbol{K}_{bb} - \lambda\boldsymbol{M}_{bb})^{-1}(\boldsymbol{K}_{ab} - \lambda\boldsymbol{M}_{ab})^T, & \boldsymbol{I}_{n-r}, \end{bmatrix}, \tag{3.8.12}$$

而 $\boldsymbol{I}_m$ 是 m 阶的单位矩阵。以 $\boldsymbol{y}$ 为新的待求的列阵，那末原系统的方程变为

$$\boldsymbol{D}'(\lambda)\boldsymbol{y} = \boldsymbol{0}, \tag{3.8.13}$$

其中

$$\boldsymbol{D}'(\lambda) = \boldsymbol{G}^T(\boldsymbol{K} - \lambda\boldsymbol{M})\boldsymbol{G} = \begin{bmatrix} \boldsymbol{D}_a(\lambda), & \boldsymbol{0} \\ \boldsymbol{0}, & \boldsymbol{K}_{bb} - \lambda\boldsymbol{M}_{bb} \end{bmatrix}. \tag{3.8.14}$$

可见当 λ 不是新系统的本征值时，$(\boldsymbol{K} - \lambda\boldsymbol{M})$ 和 $\boldsymbol{D}'(\lambda)$ 互为合同变换，而合同变换不改变对称矩阵的非正本征值数，因而有

$$\begin{aligned} N(\boldsymbol{K} - \lambda^*\boldsymbol{M}) &= N[\boldsymbol{D}'(\lambda^*)] \\ &= N[\boldsymbol{D}_a(\lambda^*)] + N[\boldsymbol{K}_{bb} - \lambda^*\boldsymbol{M}_{bb}]. \end{aligned} \tag{3.8.15}$$

由此立即得到公式 (3.8.10)。

Wittrick-Williams 讨论的是对坐标直接作约束的简单情况。对于一般的 r 个约束条件

$$\boldsymbol{a}^T\boldsymbol{x} = \boldsymbol{0} \tag{3.8.16}$$

(其中 $\boldsymbol{a}$ 是给定的有 r 列的高矩阵)也能导出与公式 (3.8.10) 类似的公式。现在来考虑新系统的问题。根据变分原理，新系统的本征值 λ 是在约束条件 (3.8.16) 得到满足的前提下，下式的驻值

$$\lambda = \text{st}\,\frac{\boldsymbol{x}^T\boldsymbol{K}\boldsymbol{x}}{\boldsymbol{x}^T\boldsymbol{M}\boldsymbol{x}}. \tag{3.8.17}$$

可以用拉格朗日乘子法把条件 (3.8.16) 吸收到变分式中去. 对于形如 (3.8.17) 的变分式,拉格朗日乘子可以放在分数后,也可以放在分子或分母中. 在本问题中,把拉格朗日乘子放在分子中比较方便. 这样我们可得到新系统的无条件变分式

$$\lambda = \underset{x,\sigma}{\mathrm{st}} \frac{\boldsymbol{x}^T\boldsymbol{K}\boldsymbol{x} - 2\boldsymbol{x}^T\boldsymbol{a}\boldsymbol{\sigma}}{\boldsymbol{x}^T\boldsymbol{M}\boldsymbol{x}}. \tag{3.8.18}$$

从数学上看, 上式中的 $\boldsymbol{\sigma}$ 是拉格朗日乘子;从力学上看, $\boldsymbol{\sigma}$ 是所加约束所提供的约束反力. 将变分式 (3.8.18) 转化为代数方程, 得到

$$(\boldsymbol{K}' - \lambda \boldsymbol{M}') \begin{bmatrix} \boldsymbol{x} \\ \boldsymbol{\sigma} \end{bmatrix} = \boldsymbol{0}, \tag{3.8.19}$$

其中

$$\boldsymbol{K}' = \begin{bmatrix} \boldsymbol{K} & -\boldsymbol{a} \\ -\boldsymbol{a}^T & \boldsymbol{0} \end{bmatrix}, \quad \boldsymbol{M}' = \begin{bmatrix} \boldsymbol{M} & \boldsymbol{0} \\ \boldsymbol{0} & \boldsymbol{0} \end{bmatrix}. \tag{3.8.20}$$

方程 (3.8.19) 是新系统的混合模式方程. 当 λ 不是原系统的本征值时,原系统有动柔度矩阵存在:

$$\boldsymbol{R}(\lambda) = (\boldsymbol{K} - \lambda \boldsymbol{M})^{-1},$$

因此可作变量代换

$$\begin{bmatrix} \boldsymbol{x} \\ \boldsymbol{\sigma} \end{bmatrix} = \begin{bmatrix} \boldsymbol{I}_n, & \boldsymbol{R}(\lambda)\boldsymbol{a} \\ \boldsymbol{0}, & \boldsymbol{I}_r \end{bmatrix} \begin{bmatrix} \boldsymbol{z} \\ \boldsymbol{\sigma} \end{bmatrix},$$

$$\begin{bmatrix} \boldsymbol{z} \\ \boldsymbol{\sigma} \end{bmatrix} = \begin{bmatrix} \boldsymbol{I}_n, & -\boldsymbol{R}(\lambda)\boldsymbol{a} \\ \boldsymbol{0}, & \boldsymbol{I}_r \end{bmatrix} \begin{bmatrix} \boldsymbol{x} \\ \boldsymbol{\sigma} \end{bmatrix}. \tag{3.8.21}$$

以 $[\boldsymbol{z}^T, \boldsymbol{\sigma}^T]^T$ 为新的待求的列阵,那末新系统的方程变为

$$\boldsymbol{F}(\lambda) \begin{bmatrix} \boldsymbol{z} \\ \boldsymbol{\sigma} \end{bmatrix} = \boldsymbol{0}, \tag{3.8.22}$$

其中

$$\begin{aligned} \boldsymbol{F}(\lambda) &= \begin{bmatrix} \boldsymbol{I}_n, & \boldsymbol{0} \\ \boldsymbol{a}^T\boldsymbol{R}(\lambda), & \boldsymbol{I}_r \end{bmatrix} \begin{bmatrix} \boldsymbol{K} - \lambda\boldsymbol{M}, & -\boldsymbol{a} \\ -\boldsymbol{a}^T, & \boldsymbol{0} \end{bmatrix} \begin{bmatrix} \boldsymbol{I}_n, & \boldsymbol{R}(\lambda)\boldsymbol{a} \\ \boldsymbol{0}, & \boldsymbol{I}_r \end{bmatrix} \\ &= \begin{bmatrix} \boldsymbol{K} - \lambda\boldsymbol{M}, & \boldsymbol{0} \\ \boldsymbol{0}, & -\boldsymbol{a}^T\boldsymbol{R}(\lambda)\boldsymbol{a} \end{bmatrix}. \end{aligned} \tag{3.8.23}$$

把新系统的本征值计数函数记为 $J_{n-r}(\lambda^*)$. 从方程 (3.8.19), (3.8.23) 可知,当 λ^* 不是原系统的本征值时,有

$$\begin{aligned} J_{n-r}(\lambda^*) &= N(\boldsymbol{K}' - \lambda^*\boldsymbol{M}') - N(\boldsymbol{K}' - \lambda_l'\boldsymbol{M}') \\ &= N[\boldsymbol{F}(\lambda^*)] - N[\boldsymbol{F}(\lambda_l')] \\ &= N(\boldsymbol{K} - \lambda^*\boldsymbol{M}) + N[-\boldsymbol{a}^T\boldsymbol{R}(\lambda^*)\boldsymbol{a}] \\ &\quad - N(\boldsymbol{K} - \lambda_l'\boldsymbol{M}) - N[-\boldsymbol{a}^T\boldsymbol{R}(\lambda_l')\boldsymbol{a}]. \end{aligned} \tag{3.8.24}$$

这里 λ_l' 是新系统的本征值的下限. 把 λ_l' 取得很小很小, 总能使得

$$N(\boldsymbol{K} - \lambda_l'\boldsymbol{M}) = 0, \quad N[-\boldsymbol{a}^T\boldsymbol{R}(\lambda_l')\boldsymbol{a}] = r. \tag{3.8.25}$$

又因为 $\boldsymbol{a}^T\boldsymbol{R}(\lambda^*)\boldsymbol{a}$ 非奇异,无零本征值,所以有

$$N[\boldsymbol{a}^T\boldsymbol{R}(\lambda^*)\boldsymbol{a}] + N[-\boldsymbol{a}^T\boldsymbol{R}(\lambda^*)\boldsymbol{a}] = r.$$

于是最后有

$$J_n(\lambda^*) = J_{n-r}(\lambda^*) + N[\boldsymbol{a}^T\boldsymbol{R}(\lambda^*)\boldsymbol{a}]. \tag{3.8.26}$$

公式 (3.8.10), (3.8.26) 具有相同的形式. 当一般的约束条件 (3.8.16) 退化为特殊的约束条件 (3.8.5) 时,必有

$$N[\boldsymbol{D}_a(\lambda^*)] = N[\boldsymbol{a}^T\boldsymbol{R}(\lambda^*)\boldsymbol{a}]. \tag{3.8.27}$$

这个公式具有深刻的力学背景. $\boldsymbol{D}_a(\lambda^*)$ 是原系统的凝聚到约束自由度上的凝聚动刚度矩阵, $\boldsymbol{a}^T\boldsymbol{R}(\lambda^*)\boldsymbol{a}$ 是原系统的在约束自由度上的动影响系数矩阵[1]. 它们是互逆的矩阵

$$\boldsymbol{D}_a(\lambda)\boldsymbol{a}^T\boldsymbol{R}(\lambda)\boldsymbol{a} = \boldsymbol{I}_r. \tag{3.8.28}$$

互逆的两个矩阵显然都没有零本征值, 因而它们显然具有相同个数的负和正本征值. 因此公式 (3.8.27) 成立.

上面对有限多个自由度的系统导出了公式 (3.8.10) 和 (3.8.26). 其实它们可推广用于无限多个自由度的系统,只要我们对公式中的各个量赋予它们应有的力学含义. 这就是: n 是原系统的一个编号 (现在 n 当然不再等于该系统的自由度数), $(n-r)$ 是施加 r 个约束后所得到的新系统的编号, $J_n(\lambda^*)$ 是原系统的本征值计数函数, $\boldsymbol{D}_a(\lambda^*)$ 是原系统的凝聚到约束自由度上凝聚动刚度矩阵, $\boldsymbol{a}^T\boldsymbol{R}(\lambda^*)\boldsymbol{a}$ 是原系统的在约束自由度上的动影响系数矩

1) 详见本节附注中的说明.

阵，$J_{n-r}(\lambda^*)$ 是新系统的本征值计数函数.

例 1 用本节方法计算图 3.8.1 (a) 所示的等剖面三跨连续梁的本征值计数函数 $J_n(\lambda)$. 此问题可有两种解法.

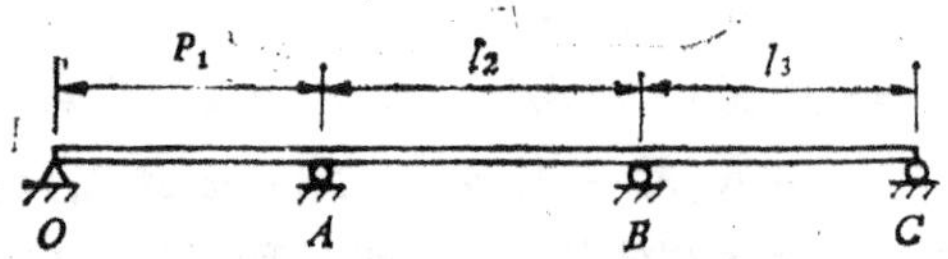

图 3.8.1 (a)

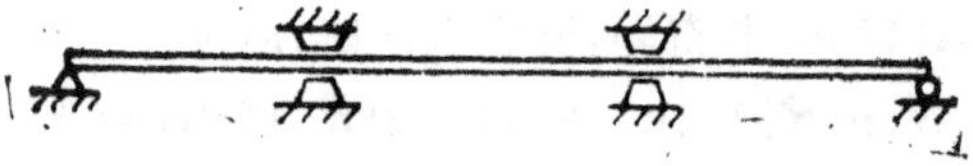

图 3.8.1 (b)

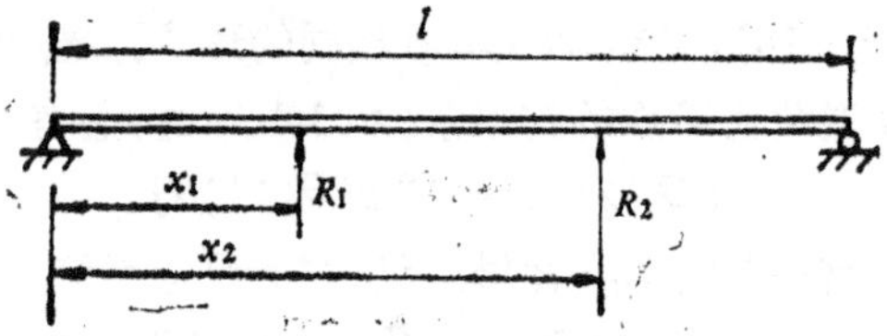

图 3.8.1 (c)

解法一. 固定 A, B 两点的转角 θ_1 和 θ_2, 得到如图 3.8.1 (b) 所示的新系统. 新系统的本征值计数函数 $J_{n-2}(\lambda)$ 是三个单跨梁各自的本征值计数函数之和. 等剖面梁的本征值早已求得，可在许多书本上查到，因此可以认为已经求得 $J_{n-2}(\lambda)$. 下面依据 $D_a(\lambda)$ 的力学含义来求 $D_a(\lambda)$.

根据专著 [20]，各跨梁的端弯矩与转角 θ_1, θ_2 的关系为

$$M_{AO}=-\frac{EJ}{l_1}F_7(\mu_1)\theta_1,$$

$$M_{AB}=\frac{EJ}{l_2}F_1(\mu_2)\theta_1+\frac{EJ}{l_2}F_2(\mu_2)\theta_2,$$

$$M_{BA}=-\frac{EJ}{l_2}F_2(\mu_2)\theta_1-\frac{EJ}{l_2}F_1(\mu_2)\theta_2,$$

$$M_{BC}=\frac{EJ}{l_3}F_7(\mu_3)\theta_2. \tag{3.8.29}$$

其中

$$\mu_i=\lambda l_i\sqrt{\frac{m}{EJ}},\ i=1,2,3. \tag{3.8.30}$$

m 是单位长度的质量，EJ 是弯曲刚度，

$$\begin{aligned}
F_1(\mu)&=-\mu\frac{\sinh\mu-\sin\mu}{\cosh\mu\cos\mu-1},\\
F_2(\mu)&=-\mu\frac{\cosh\mu\sin\mu-\sinh\mu\cos\mu}{\cosh\mu\cos\mu-1},\\
F_7(\mu)&=\mu\frac{2\sinh\mu\sin\mu}{\cosh\mu\sin\mu-\sinh\mu\cos\mu}.
\end{aligned} \tag{3.8.31}$$

因为

$$M_{AO}=M_{AB},\ M_{BA}=M_{BC}, \tag{3.8.32}$$

由此得到齐次方程

$$\boldsymbol{D}_a\boldsymbol{\theta}=\boldsymbol{0}, \tag{3.8.33}$$

其中

$$\boldsymbol{\theta}=[\theta_1,\ \theta_2]^T,$$

$$\boldsymbol{D}_a=\begin{bmatrix}\frac{EJ}{l_1}F_7(\mu_1)+\frac{EJ}{l_2}F_1(\mu_2), & \frac{EJ}{l_2}F_2(\mu_2)\\ \frac{EJ}{l_2}F_2(\mu_2), & \frac{EJ}{l_3}F_7(\mu_3)+\frac{EJ}{l_2}F_1(\mu_2)\end{bmatrix}. \tag{3.8.34}$$

这个 $\boldsymbol{D}_a$ 便是待求的凝聚动刚度矩阵。这样便可根据公式(3.8.10)决定 $J_n(\lambda)$ 了。

解法 2. 把图 3.8.1(a) 所示的系统看作是图 3.8.1(c) 所示的简支梁在中间增加两个支座后得到的系统。命图 3.8.1(c) 所示系统的本征值计数函数为 $J_{n+2}(\lambda)$，它可认为是已知的。根据公式(3.8.26) 有

$$J_{n+2}(\lambda)=J_n(\lambda)+N[\boldsymbol{\alpha}^T\boldsymbol{R}(\lambda)\boldsymbol{\alpha}]. \tag{3.8.35}$$

其中 $\boldsymbol{\alpha}^T\boldsymbol{R}(\lambda)\boldsymbol{\alpha}$ 是与两个集中反力 R_1 和 R_2 对应的动影响系数矩

阵．简支梁在某一点 $x=\xi$ 处施加一个单位集中力 $P=1$ 所产生的挠度 $G(x, \xi)$（即动影响函数，又叫格林函数）是

$$G(x, \xi)=\frac{2}{ml}\sum_{n=1}^{\infty}\frac{1}{\lambda_n-\lambda}\sin\frac{n\pi\xi}{l}\sin\frac{n\pi x}{l}. \tag{3.8.36}$$

其中 λ_n 是简支梁的本征值

$$\lambda_n=\frac{n^4\pi^4 EJ}{ml^4}. \tag{3.8.37}$$

因此待求的动影响系数矩阵是

$$\boldsymbol{a}^T\boldsymbol{R}(\lambda)\boldsymbol{a}=\begin{bmatrix}G(x_1, x_1), & G(x_1, x_2)\\ G(x_1, x_2), & G(x_2, x_2)\end{bmatrix}. \tag{3.8.38}$$

这样便可从公式 (3.8.35) 决定 $J_n(\lambda)$.

附注　$\boldsymbol{D}_a(\lambda)$ 和 $\boldsymbol{a}^T\boldsymbol{R}(\lambda)\boldsymbol{a}$ 的力学含义

为了看清楚 $\boldsymbol{D}_a(\lambda)$ 和 $\boldsymbol{a}^T\boldsymbol{R}(\lambda)\boldsymbol{a}$ 的力学含义，我们先来考虑原系统在局部载荷作用下的强迫振动问题

$$\begin{bmatrix}\boldsymbol{K}_{aa}-\lambda\boldsymbol{M}_{aa}, & \boldsymbol{K}_{ab}-\lambda\boldsymbol{M}_{ab}\\ \boldsymbol{K}_{ba}-\lambda\boldsymbol{M}_{ba}, & \boldsymbol{K}_{bb}-\lambda\boldsymbol{M}_{bb}\end{bmatrix}\begin{bmatrix}\boldsymbol{x}_a\\ \boldsymbol{x}_b\end{bmatrix}=\begin{bmatrix}\boldsymbol{f}_a\\ \boldsymbol{0}\end{bmatrix}. \tag{3.8.39}$$

从上列方程消去 $\boldsymbol{x}_b$，得到

$$\boldsymbol{D}_a(\lambda)\boldsymbol{x}_a=\boldsymbol{f}_a. \tag{3.8.40}$$

可见 $\boldsymbol{D}_a(\lambda)$ 是反映局部载荷 $\boldsymbol{f}_a$ 与对应的位移 $\boldsymbol{x}_a$ 的联系的一个动刚度矩阵．

再来考虑一般的情况．参照约束条件 (3.8.16)，考虑原系统在"局部"载荷

$$\boldsymbol{f}=\boldsymbol{a}\boldsymbol{g} \tag{3.8.41}$$

作用下的强迫振动问题

$$(\boldsymbol{K}-\lambda\boldsymbol{M})\boldsymbol{x}=\boldsymbol{a}\boldsymbol{g}. \tag{3.8.42}$$

给定的矩阵 $\boldsymbol{a}$ 可以看作广义载荷的分布规律，不定的列阵 $\boldsymbol{g}$ 可以看作广义载荷的大小．从方程 (3.8.42) 可得到

$$\boldsymbol{x}=\boldsymbol{R}(\lambda)\boldsymbol{a}\boldsymbol{g}. \tag{3.8.43}$$

与 $\boldsymbol{g}$ 对应的广义位移是

$$\boldsymbol{a}^T\boldsymbol{x}=\boldsymbol{a}^T\boldsymbol{R}(\lambda)\boldsymbol{a}\boldsymbol{g} \tag{3.8.44}$$

可见 $\boldsymbol{a}^T\boldsymbol{R}(\lambda)\boldsymbol{a}$ 反映了一对广义力和广义位移的联系．它是局部广义载荷的动影响系数矩阵．

当

$$\boldsymbol{a}^T = [\boldsymbol{I}_r, \boldsymbol{0}] \tag{3.8.45}$$

时，方程 (3.8.5)，(3.8.16) 代表同一个约束．这时

$$\boldsymbol{a}^T\boldsymbol{x} = \boldsymbol{x}_a,\ \ \boldsymbol{g} \text{ 可取为 } \boldsymbol{f}_a. \tag{3.8.46}$$

于是公式 (3.8.44) 退化为

$$\boldsymbol{x}_a = \boldsymbol{a}^T\boldsymbol{R}(\lambda)\boldsymbol{a}\boldsymbol{f}_a. \tag{3.8.47}$$

对比 (3.8.40)，(3.8.47) 两式即得公式 (3.8.28)．

§ 3.9　瑞利约束定理及其新证明

从公式 (3.8.26) 可简便地导出振动理论中著名的瑞利约束定理 (数学上称为本征值的隔离定理[1])．当在原系统上施加 r 个约束后，$\boldsymbol{a}^T\boldsymbol{R}(\lambda)\boldsymbol{a}$ 是一个 r 阶的方阵，因而

$$0 \leqslant N[\boldsymbol{a}^T\boldsymbol{R}(\lambda)\boldsymbol{a}] \leqslant r. \tag{3.9.1}$$

将此代入 (3.8.26) 便有

$$0 \leqslant J_n(\lambda^*) - J_{n-r}(\lambda^*) \leqslant r. \tag{3.9.2}$$

这便是瑞利约束定理的一个极其简明的数学表达式．此式表明：(1) 增加约束使本征值增大或保持不变，但不可能减小；(2) 在原系统的相继 $(r+1)$ 个本征值之间必有新系统的本征值；(3) 在新系统的相继 $(r+1)$ 个本征值之间必有原系统的本征值．

瑞利约束定理 (3.9.2) 是一个定性的结论．公式(3.8.26)是一个定量的结论．因此公式 (3.8.26) 可以看作是瑞利约束定理的定量推广．

参　考　文　献

[1] 曹志浩，矩阵特征值问题，上海科学技术出版社，1980 年．

[2] 胡海昌，弹性力学的变分原理及其应用，科学出版社，1981 年．

[3] 胡海昌，论几种本征值包含定理的内在联系，固体力学学报，1983 年，第 1 期，第 1 页．

[4] 胡海昌，放大倍数和本征值的上下限，振动与冲击，1983 年，第 2 期，第 1 页.
[5] 胡海昌，代数本征值的 Collatz 包含定理的推广，力学学报，1983 年，第 5 期，第 429 页.
[6] 胡海昌，对称矩阵的非正本征值数及其在本征值计数上的应用，固体力学学报，1984 年，第 3 期，第 313 页.
[7] 胡海昌，用分解刚度法求基本固有频率和临界载荷的下限，固体力学学报，1985 年，第 2 期，第 141 页.
[8] 曲乃泗，模态综合法在大型结构抗震动力计算中的应用，大连工学院学报，1982 年，第 21 卷，第 3 期，第 35 页.
[9] 王文亮和陈康元，惯性耦合法述评及其一般原理，上海力学，1982 年，第 1 期.
[10] 张文和侯志坤，大型广义特征值问题的动力降阶迭代法，航空学报，1981 年，第 2 卷，第 3 期，第 55 页.
[11] 中国科学院北京力学所固体力学研究室板壳组，夹层板的弯曲、稳定和振动，科学出版社，1977 年.
[12] Bathe, K. J. and Wilson, E. L., Numerical Methods in Finite Element Analysis, Prentice-Hall, 1976.（有中译本，巴特和威尔逊著，林公豫和罗恩译，有限元分析中的数值方法，科学出版社，1985年）
[13] Bijlaard, P. P., Analysis of the Elastic and Plastic Stability of Sandwich Plates by the Method of Split Rigidities, *Journal of the Aeronautical Science*, v. 18, n. 5 and n. 12, 1951; and v. 19, n. 7, 1952.
[14] Collatz, L., Einschliessungssatz für die Characteristischen Zahlen von Matrizen, *Mathematische Zeitschrift*, B. 48, s. 221, 1942.
[15] Collatz, L., Eigenwertaufgaben mit technischen Anwendungen, Akademische Verlagsgesellschafte, 1949.
[16] Crandall, S. H., Engineering Analysis, McGraw-Hill, 1956.
[17] Dunkerley, S., On the Whirling and Vibration of Shafts, *Philosophical Transaction of the Royal Society of London*, ser. A, v. 185, p. 279, 1894.
[18] Kato, T., On the Upper and Lower Bounds of Eigenvalues, *Journal of the Physical Society of Japan*, v. 4, p. 334, 1949.
[19] Kohn, W., A Note on Weinstein's Variational Method, *Physical Review* (2), v. 71, p. 902, 1947.
[20] Koloušek, V., Dynamics of Engineering Structures, Butterworths, 1973.（有中译本，柯劳塞克著，刘光栋译，工程结构动力学，人民交通出版社，1980年.）
[21] Ku, A. B., Upper and Lower Bounds of Eigenvalues of a Conservative Discrete System, *Journal of Sound and Vibration*, v. 53, n. 2, p. 183, 1977.
[22] Ku, A. B., Upper and Lower Bounds for Fundamental Natural Frequency of Beams, *Journal of Sound and Vibration*, v. 54, n. 3, p. 311, 1977.
[23] Ku, A. B., Upper and Lower Bounds of Buckling Loads, *International Journal of Solids and Structures*, v. 13, n. 8, p. 709, 1977.
[24] Kuhar, E. J. and Stahle, C. V., Dynamic Transformation Method for Modal Synthesis, *AIAA Journal*, v. 12, n. 5, p. 672, 1974.
[25] Nitsche, J. A., Einfache Fehlerschranken beim Eigenwertproblem Symmetrischer Matrizen, *Zeitschrift für Angewandte Mathematik und Mechanik*, B. 39, n. 7/8, s. 322, 1959.

[26] Popelar, C. H., Lower Bounds for the Buckling Loads and the Fundamental Frequencies of Elastic Bodies, *Journal of Applied Mechanics*, v. 41, n. 1, p. 151, 1974.

[27] Schreyer, H. L. and Shih, Pen-Yuan, Lower Bounds to Column Buckling Loads, *Journal of Engineering Mechanics Division*, Proc. ASCE, v. 99, n. EM5, p. 1011, 1975.

[28] Temple, G., The Computation of Characteristic Numbers and Characteristic Functions, Proceeding of the London Mathematical Society (2), v. 29, p. 257, 1928.

[29] Temple, G., The Accuracy of Rayleigh's Method of Calculating natural Frequencies of Vibrating Systems, Proceeding of the Royal Society of London, v. A211, n. 1105, p. 204, 1952.

[30] Temple, G. and Bickly, W. G., Rayleigh's Principle, Dover, 1956.

[31] Weinstein, D. H., Modified Ritz Method, Proceeding of the National Academy of Science, v. 20, n. 9, p. 529, 1934.

[32] Wittrick, H. W. and Williams, F. W., A General Algorithm for Computing Natural Frequencies of Elastic Structures, *Quarterly Journal of Mechanics and Applied Mathematics*, v. 24, n. 3, p. 263, 1971.

[33] Wittrick, H. W. and Williams, F. W., An Algorithm for Computing Critical Buckling Loads of Elastic Structures, *Journal of Structural Mechanics*, v. 1, n. 4, p. 497, 1973.

第四章　动态子结构法

§4.1　简谐振动问题和平衡问题的对应关系

从能量原理看，从遵守能量原理的各种公式看，从遵守能量原理的各种精确的和近似的解法看，简谐振动问题(包括无外载荷时的固有振动问题)和平衡问题之间有一组简单的对应关系．最基本的四个对应关系列在本节末尾的附表中．在平衡问题里还有功的互等定理、虚内力原理、余能原理、广义变分原理等等．在简谐振动问题中也都有对应的定理和原理，表中不一一列举了．对应的核心是刚度 $\boldsymbol{K}$ 和动刚度 $(\boldsymbol{K}-\lambda\boldsymbol{M})$ 相对应，或者改用能量来说，平衡问题里物体中所贮存的势能(应变能) Π 和简谐振动问题里物体中所贮存的动势能 Π_d 相对应．

对应中也有不对应的方面．这就是在平衡问题里 Π 和 $\boldsymbol{K}$ 是非负的，并且通常是正定的，因而势能原理和余能原理都是最小值原理．但是在简谐振动问题里，Π_d 和 $(\boldsymbol{K}-\lambda\boldsymbol{M})$ 经常是可正可负的(称为不定的)，因而对应的势能原理和余能原理一般只是驻值原理．

在平衡问题里遵守能量原理的各种公式、算法等等，只要不依赖于 Π 和 $\boldsymbol{K}$ 的正定性或非负性，便可依法推广用于简谐振动问题．但如果用到了 Π 和 $\boldsymbol{K}$ 的正定性和非负性，那末就不能简单地用于简谐振动问题．例如里兹法只用到能量泛函的驻值性质，因而可通用于平衡问题和简谐振动问题．但是平衡问题中里兹法收敛性的证明常常用到 Π 和 $\boldsymbol{K}$ 的正定性，这些证法就不能简单地用来证明简谐振动问题中里兹法的收敛性．

静动问题的对应关系

	平衡问题	简谐振动问题
对应的核心	刚度 $\boldsymbol{K}$	动刚度 $(\boldsymbol{K}-\lambda\boldsymbol{M})$
	势　能 $\Pi=\frac{1}{2}\boldsymbol{x}^T\boldsymbol{K}\boldsymbol{x}$	动势能 $\Pi_d=\Pi-\lambda T=\frac{1}{2}\boldsymbol{x}^T(\boldsymbol{K}-\lambda\boldsymbol{M})\boldsymbol{x}$
方　程	$\boldsymbol{K}\boldsymbol{x}=\boldsymbol{f}$	$(\boldsymbol{K}-\lambda\boldsymbol{M})\boldsymbol{x}=\boldsymbol{f}$
能量守恒	$\Pi=\frac{1}{2}\boldsymbol{f}^T\boldsymbol{x}$	$\Pi_d=\frac{1}{2}\boldsymbol{f}^T\boldsymbol{x}$
虚位移原理	$\delta\boldsymbol{x}^T\boldsymbol{K}\boldsymbol{x}=\delta\boldsymbol{x}^T\boldsymbol{f}$	$\delta\boldsymbol{x}^T(\boldsymbol{K}-\lambda\boldsymbol{M})\boldsymbol{x}=\delta\boldsymbol{x}^T\boldsymbol{f}$
势能原理	$\delta\left(\frac{1}{2}\boldsymbol{x}^T\boldsymbol{K}\boldsymbol{x}-\boldsymbol{f}^T\boldsymbol{x}\right)=0$	$\delta\left[\frac{1}{2}\boldsymbol{x}^T(\boldsymbol{K}-\lambda\boldsymbol{M})\boldsymbol{x}-\boldsymbol{f}^T\boldsymbol{x}\right]=0$

§4.2　分析复杂结构的策略思想

“复杂”一词在不同的学科中有不同的含义．这里所说的复杂是指结构的自由度很多，并且彼此耦合在一起，最后形成的联立方程的规模很大，难于或不宜于一次求解．

复杂结构有动力问题，也有静力问题．从分析的具体技巧看，静、动两类问题颇不相同．但从分析所用的策略思想看，两者几乎完全相同．静力分析的策略思想已发展得相当完备，相当成熟．当前动力分析的策略思想实际上并未超出前者的成就．

分析复杂结构最基本的指导思想是“先修改后复原”．这就是说，先对给定的结构作一些适当的修改，使它变得便于分析，然后设法复原到原先给定的结构．修改的办法可分两大类．

（一）原结构经修改后能求得公式解．这样的希望并非总能如愿以偿．但如能做到，就比只能得到数值解的办法有用得多了．这类方法的例子有不少，如小参数法和中间问题法[61]．

（二）原结构经修改后变为彼此独立无关的若干子结构．这种方法可以叫做解除耦合法，简称解耦法．更通俗一些，可以叫做

“化整为零”法．化整为零的力学措施基本上有下列三类．

（1）割断结构某些部位的联系，使它解体成若干个子结构．这种做法是先增加自由度而后去掉多余的自由度．在静力分析中，这种方法叫做力法，这是因为用被割断部件中的内力来代替原有的联系．解连续梁的三弯矩方程法是割断联系法中用得相当早并且富有成效的一个例子．在动力分析中，这类方法常叫做自由子结构法．前期的代表作有文献[58]和[20]．§4.3 介绍这类方法．

（2）固定结构的某些位移，使原结构被隔离成若干个子结构．这些子结构虽然在空间上仍然连接在一起，但它们已被隔离，从力学上看已是彼此独立无关的了．这种做法是先减少自由度而后恢复失去的自由度．隔离法在静力分析中常叫做位移法，这是因为隔离是靠固定结构的某些位移而实现的．刚架分析中的位移转角法是典型的一个例子．在动力分析中，隔离法常叫做约束子结构法．前期的代表作有文献[57]．§ 4.4 介绍这类方法．

（3）把结构中的某些部件修改为刚体．因此这种方法可以叫做局部刚化法．结构局部刚化后并未被解体或隔离，它仍为一个完整的统一体，各部件间仍有一定的联系，只不过修改后的结构变得便于分析罢了．从数学上看，局部刚化法也是一种先减少自由度而后恢复失去的自由度的办法．在这点上它与约束子结构法相同．局部刚化的概念可能是由钱令希和胡海昌提出来的[4]．我们在分析空腹桁架时，首先假定腹杆是刚性的，然后使腹杆复原到原有的刚度，从而建立了三项方程(在近似解中可用弯矩分配法)．后来这个观点发展成为无剪力分配法1)．在结构动力分析中，Gladwell[28] 的分支模态法便属于局部刚化的类型．§ 4.5 简要地介绍局部刚化法．

自由子结构法和约束子结构法是两种最常用的子结构法．它

---

1) 例如见王磊和李家宝，多层刚架的分析——无剪力分配法．固体力学学报，1980年第2期第254页．又见 Ghali, A., Neville, A. M. and Chueng, Y. K., Structural Analysis——A Unified Classical and Matrix Approach, p. 276, 1972.

们各有特点．从计算量来看，约束子结构法较方便一些，因为其中的子结构的自由度较少，没有零频率，频率较高，所以近似计算中的收敛性较好．又由于其它的结构分析程序大都用的位移法，约束子结构法在程序编制上较易于和其它多数程序衔接．但是子结构的特性未必都能计算．假如需要通过实验测定子结构的特性，那末自由子结构法的优点便相当突出了．首先是在实验室中自由界面远比固定界面易于实现．其次是从实验数据所含有的信息量来看，由于在自由子结构法中修改后结构的自由度增加了，因而它的信息量一般大于原结构所需要的．相反，在约束子结构法中修改后结构的自由度减少了，所以这些被约束掉的自由度的特性无论如何也不能从子结构的实验数据中得到．

在结构静力分析中还有所谓混合法．这就是把前述策略思想在同一问题里作联合应用．在结构动力分析中当然也可以用混合法，例如见文献[18]，[48]，[24]，[51]，并且同样不引起原则性的新问题．

在说明动态子结构的各种方法时，要用到许多名词记号．现将它们汇总列于本节的末尾．下面先作几点说明．

原结构是指给定的要求我们进行分析的结构，子结构是指对原结构作"化整为零"的修改后得到的彼此独立无关的小结构的单体，修改后的结构是指子结构的全体．

例 1 分析给定的一个三跨连续梁（图 4.2.1 (a)）．原结构便是指这三跨连续梁．如果"化整为零"的办法是在中间支座上将梁切断，那末子结构便是指一个个(共三个)单跨梁(图 4.2.1(c))，而修改后的结构是指三个单跨梁的全体（图 4.2.1 (b)）．

属于子结构的各个量用下标 s 作标记．这个 s 有双重含义．一是泛指 sub-，二是指某子结构的编号．属于修改后结构的各个量，在字母上加一横作标记．需要特别说明的是，修改后结构的坐标列阵 $\bar{\boldsymbol{x}}$ 是各个子结构的坐标列阵 $\boldsymbol{x}_s$ 的简单拼装，如《汇总表》所示．这样在 $\boldsymbol{x}$ 和 $\bar{\boldsymbol{x}}$ 中代表相同自由度的坐标编号可能不同．修改后结构的本征值总是某子结构的某个本征值．所以 $\bar{\lambda}_i$ 是从 $\lambda_{s,j}$ 得

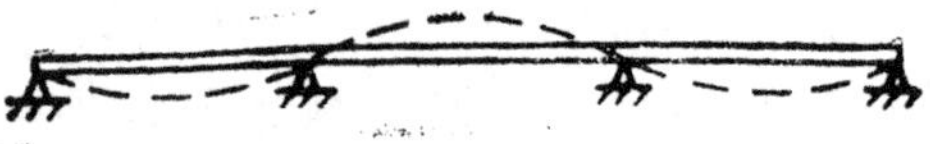

图 4.2.1 (a)　三跨连续梁(原结构)

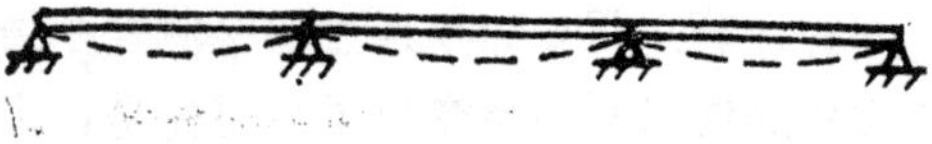

图 4.2.1 (b)　三跨不连续梁(修改后的结构)

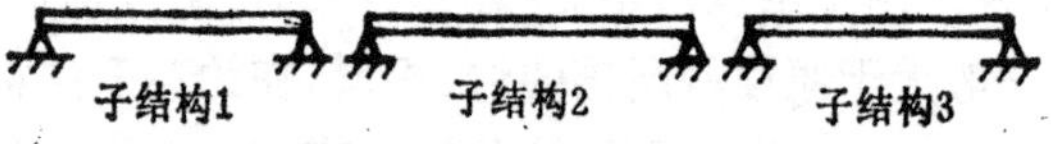

图 4.2.1 (c)　三个单跨梁(子结构)

来的,无非是把子结构的双重编号重新编排为单编号. 在约束(刚化)子结构法中,$\bar{\boldsymbol{x}}$ 的维数小于 $\boldsymbol{x}$,因而《汇总表》中的 $\boldsymbol{s}$ 是个高矩阵.

复杂结构的动态子结构法,有力学方面的问题,更多的是编制程序方面的问题. 本章我们仅对力学方面的问题作一些扼要的说明.

名词记号汇总表

	原结构	子结构	修改后的结构
坐标列阵	$\boldsymbol{x}$	$\boldsymbol{x}_s$	$\bar{\boldsymbol{x}}=[\boldsymbol{x}_1^T, \boldsymbol{x}_2^T, \cdots]^T$
刚度矩阵	$\boldsymbol{K}$	$\boldsymbol{K}_s$	$\bar{\boldsymbol{K}}=\mathrm{diag}[\boldsymbol{K}_1, \boldsymbol{K}_2, \cdots]$
质量矩阵	$\boldsymbol{M}$	$\boldsymbol{M}_s$	$\bar{\boldsymbol{M}}=\mathrm{diag}[\boldsymbol{M}_1, \boldsymbol{M}_2, \cdots]$
本征值	λ_i	λ_{si}	$\bar{\lambda}_i$
本征列阵	$\boldsymbol{\varphi}_i$	$\boldsymbol{\varphi}_{si}$	$\bar{\boldsymbol{\varphi}}_i$
自由子结构的复原条件	$\boldsymbol{x}=\boldsymbol{T}\bar{\boldsymbol{x}}$		$\bar{\boldsymbol{\alpha}}^T\bar{\boldsymbol{x}}=0$
约束或刚化子结构的 约束条件			$\boldsymbol{x}=\boldsymbol{S}\bar{\boldsymbol{x}}$
约束或刚化子结构的 复原条件	$\boldsymbol{x}=\boldsymbol{S}\bar{\boldsymbol{x}}+\boldsymbol{\phi}\boldsymbol{\zeta}$		

§4.3 自由子结构法

割断原结构中某些部件的联系，使原结构解体成若干个子结构．然后分别计算子结构的固有频率和振型，或子结构的动柔度矩阵．最后利用子结构的特性拼装出(综合出)原结构的固有频率和振型．因此上述方法有时叫做自由模态综合法．

自由子结构法中最关键的一步是决定割断哪些联系．这里的原则要求是

(1) 尽量割断较少的联系就使原结构被解体成较多的子结构,即尽量用较少的修改就取得化整为零的较大的效果．

(2) 各个子结构的本征值问题应能在预定的计算机上进行计算．

(3) 自由子结构常常不能完全避免刚体自由度．但我们应该尽量减少刚体自由度． 此外,子结构的非零频率也希望尽量大一点．这样在作近似计算时才比较方便．

(4) 尽量结合原结构的具体组成进行分解．尤其是由几个单位分头设计制造部件然后装配而成的大型复杂结构，更应该尽量按分工划分子结构．这样能在子结构的层次上保持各协作单位的相对独立性,以利于工作的开展．

(5) 如果原结构不同部位的刚度或质量相差较大，那末在划分子结构时应尽量使每个子结构内的刚度或质量比较均匀．这样能使子结构的刚度矩阵和质量矩阵的数值特性较好．

为了贯彻上述原则,需要对原结构从力学方面作深入的研究．过去结构静动力分析中的许多优秀算例,值得我们很好地借鉴．

现在假定原结构已解体成若干个子结构，每个子结构的固有振动特性已经得到(可用计算方法,也可用实验方法)．本节只对最后一步“复原”作些说明．

从修改后的结构到原结构,是增加约束的问题．在§3.8曾讨论过增加约束对本征值计数函数的影响．本节则是讨论增加约束

对本征解的影响.

从修改后的结构的基础上看原结构，原结构的问题可归结为下列线性本征值问题 [参见 §3.8 方程 (3.8.19)]

$$\bar{\boldsymbol{K}}\bar{\boldsymbol{x}} - \lambda\bar{\boldsymbol{M}}\bar{\boldsymbol{x}} = \bar{\boldsymbol{a}}\boldsymbol{\sigma}, \tag{4.3.1a}$$

$$-\bar{\boldsymbol{a}}^T\bar{\boldsymbol{x}} = \boldsymbol{0}. \tag{4.3.1b}$$

它又可以化为下列非线性本征值问题

$$\bar{\boldsymbol{x}} = \bar{\boldsymbol{R}}(\lambda)\bar{\boldsymbol{a}}\boldsymbol{\sigma}, \tag{4.3.2}$$

$$\bar{\boldsymbol{a}}^T[2\bar{\boldsymbol{R}}(\lambda) - \bar{\boldsymbol{R}}(\lambda)(\bar{\boldsymbol{K}} - \lambda\bar{\boldsymbol{M}})\bar{\boldsymbol{R}}(\lambda)]\boldsymbol{a}\boldsymbol{\sigma} = \boldsymbol{0}. \tag{4.3.3}$$

这里的 $\boldsymbol{\sigma}$ 代表被割断部件中的广义内力[1]，而 $\bar{\boldsymbol{R}}(\lambda)$ 是修改后结构的动柔度矩阵．它有以下两种算式

$$\bar{\boldsymbol{R}}(\lambda) = (\bar{\boldsymbol{K}} - \lambda\bar{\boldsymbol{M}})^{-1}, \tag{4.3.4}$$

$$\bar{\boldsymbol{R}}(\lambda) = \sum_i \frac{\bar{\boldsymbol{\varphi}}_i\bar{\boldsymbol{\varphi}}_i^T}{\bar{\lambda}_i - \lambda} + \bar{\boldsymbol{\varphi}}_\infty\bar{\boldsymbol{\varphi}}_\infty^T. \tag{4.3.5}$$

$\bar{\boldsymbol{K}}$ 和 $\bar{\boldsymbol{M}}$ 可以按子结构划分为分块对角的矩阵，$\bar{\boldsymbol{R}}(\lambda)$ 必是同类型的分块对角矩阵．所以无论根据公式 (4.3.4) 或 (4.3.5) 求 $\bar{\boldsymbol{R}}(\lambda)$，都可以先分别对每个子结构求出各自的动柔度矩阵 $\boldsymbol{R}_s(\lambda)$，然后通过简单的拼装而得到.

如果 $\bar{\boldsymbol{R}}(\lambda)$ 能精确地求得，那末公式 (4.3.4) 精确成立，因而方程 (4.3.3) 可简化为

$$\bar{\boldsymbol{a}}^T\bar{\boldsymbol{R}}(\lambda)\bar{\boldsymbol{a}}\boldsymbol{\sigma} = \boldsymbol{0}. \tag{4.3.6}$$

但在实际工作中，通常人们只能求得 $\bar{\boldsymbol{R}}(\lambda)$ 的近似值. 这时 (4.3.2) 就只是一个近似成立的关系．把 (4.3.2) 看作是里兹法中的一个近似假设，便可得到 (4.3.3)．所以当 $\bar{\boldsymbol{R}}(\lambda)$ 是近似值时，方程 (4.3.3) 比 (4.3.6) 更接近实际情况.

从上列方程求得本征解

$$\lambda = \lambda_i, \ [\bar{\boldsymbol{x}}^T, \boldsymbol{\sigma}^T]^T = [\bar{\boldsymbol{\varphi}}_i^T, \boldsymbol{\tau}_i^T]^T \tag{4.3.7}$$

后，λ_i 便是原结构的本征值，而原结构的本征列阵为

$$\boldsymbol{\varphi}_i = \boldsymbol{T}\bar{\boldsymbol{\varphi}}_i = \boldsymbol{T}\bar{\boldsymbol{R}}(\lambda_i)\bar{\boldsymbol{a}}\boldsymbol{\tau}_i. \tag{4.3.8}$$

---

1) $\boldsymbol{\sigma}$ 是原结构中的量．$\boldsymbol{\sigma}$ 是本法中的基本未知量，因此本法实质上是一种力法.

式中 $\boldsymbol{T}$ 是在复原条件 (4.3.1b) 已满足的前提下从 $\bar{\boldsymbol{x}}$ 到 $\boldsymbol{x}$ 的一个变换矩阵，即[1)]

$$\boldsymbol{x}=\boldsymbol{T}\bar{\boldsymbol{x}}. \tag{4.3.9}$$

如果上述每一步计算都能精确地完成，那末最后得到的是原结构的精确解，因为直到现在还没有引进什么简化假设. Berman[19] 曾试用过这种方法. 精确求解的关键是精确地计算 $\bar{\boldsymbol{R}}(\lambda)\bar{\boldsymbol{a}}$. 这里大致有三种方法可供选择. 一种是先求出全部的 $\bar{\lambda}_i$ 和相应的本征列阵 $\bar{\boldsymbol{\varphi}}_i$，然后根据公式 (4.3.5) 求 $\bar{\boldsymbol{R}}(\lambda)$. 另一种是根据定义 (4.3.4) 求逆矩阵. 另外，从公式 (4.3.2) 可以看到，$\bar{\boldsymbol{R}}(\lambda)\bar{\boldsymbol{a}}$ 是内力 $\boldsymbol{\sigma}$ 的影响系数矩阵. 因此最后还有一种方法是根据 $\boldsymbol{\sigma}$ 的力学含义直接求它的影响系数矩阵 $\bar{\boldsymbol{R}}(\lambda)\bar{\boldsymbol{a}}$. 这最后一种方法在连续梁之类的链式结构中用得较多.

例 2 设有一块三跨的简支连续矩形板，用 27 个矩形单元将它离散化，如图 4.3.1 (a) 所示. 每个结点一般各赋予三个自由度(挠度和两个方向的转角. 但在支座上的结点没有挠度，同时没有一个或两个方向的转角). 这样原系统共有 56 个自由度，即 $\boldsymbol{x}$ 有 56 个元.

设"化整为零"的办法是在中间支座上割断法向转角的连续性而得到三块单跨的矩形板，如图 4.3.1(c) 所示. 每个子结构各有 9 个单元 20 个自由度. $\boldsymbol{x}_i$ 各有 20 个元. 这样修改后的结构(图 4.3.1(b)) 共有 60 个自由度. $\bar{\boldsymbol{x}}$ 有 60 个元，比 $\boldsymbol{x}$ 多 4 个.

从修改后的结构到原结构的复原条件共有 4 个，即 14，24，17，27 四个结点上左右两边的法向转角相等. 从力学上看，上述转角的连续性是靠作用在这些结点上的法向弯矩 M_{14}，M_{24}，M_{17}，M_{27} (见图 4.3.1 (c)) 来实现的. 在数学上

$$\boldsymbol{\sigma}=[M_{14},\ M_{24},\ M_{17},\ M_{27}]^T$$

---

1) 这样的变换矩阵是不唯一的. 如果 $\bar{\boldsymbol{x}}$ 精确地满足 (3.1b)，不同的 $\boldsymbol{T}$ 给出相同的 $\boldsymbol{x}$. 但如果 $\bar{\boldsymbol{x}}$ 仅近似地满足 (3.1b)，不同的 $\boldsymbol{T}$ 将给出不同的 $\boldsymbol{x}$. 这时应取一个比较适宜的 $\boldsymbol{T}$.

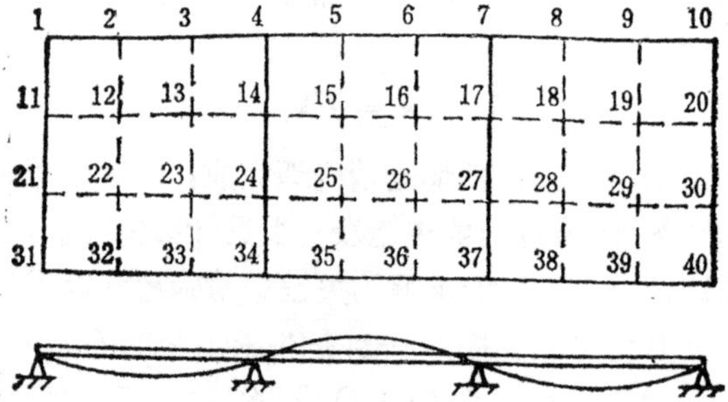

图 4.3.1 (a) 三跨连续板(原结构)

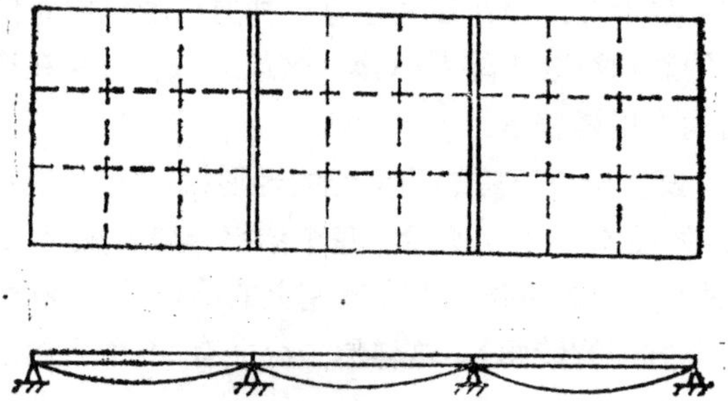

图 4.3.1 (b) 三跨不连续板(修改后的结构)

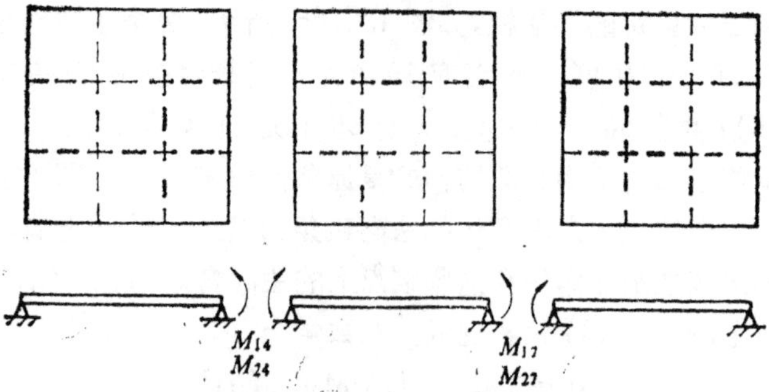

图 4.3.1 (c) 三块单跨板(子结构)

便是复原条件 (4.3.1b) 的拉格朗日乘子. 复原后的方程 (4.3.1) 在本例中共有 64 个未知数 ($\boldsymbol{x}$ 中 60 个, $\boldsymbol{\sigma}$ 中 4 个, 不包括本征值).

例 3 设有两个弹性结构 S_1 和 S_2 用两根弹簧 k_1 和 k_2 相连接，如图 4.3.2 (a) 所示．现在在弹簧两端将原结构断开，得到修改后的结构，如图 4.3.2b 所示．本例中共有 S_1，S_2，k_1，k_2 4 个子结构．

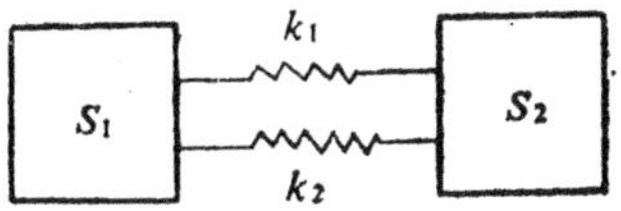

图 4.3.2 (a)

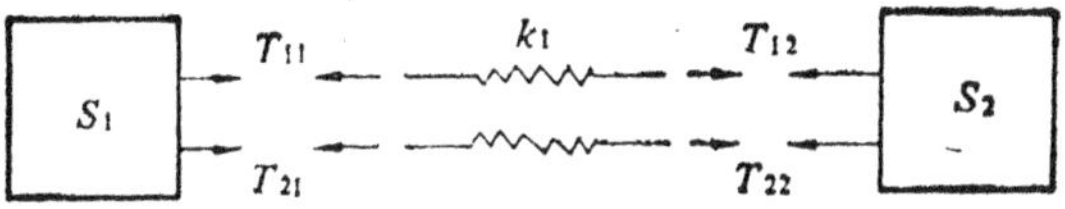

图 4.3.2 (b)

其中 k_1 和 k_2 两根弹簧特别简单，可以说是最简单的子结构了．本例中各个子结构的复杂程度悬殊很大．在子结构法中并不要求各个子结构有大体上相同的复杂程度．从修改后的结构到原结构的复原条件共有 4 个，复原力是弹簧两端的拉力 T_{11}，T_{12}，T_{21}，T_{22}．当弹簧的质量很小可以忽略不计时，

$$T_{11}=T_{12},\quad T_{21}=T_{22}.$$

这类自由子结构法在车辆振动问题中的应用可见文献 [13]．

在大多数实际工作中要精确地完成上述全部运算是很困难的．人们常常不得不引进某些简化假设，然后用里兹法求近似解．这些简化假设大致可分三种类型．第一种是对 $\bar{\boldsymbol{x}}$ 作些限制，通常是取修改后结构的前若干个振型 $\bar{\boldsymbol{\varphi}}_i$，而把 $\bar{\boldsymbol{x}}$ 近似地表示成它们的线性组合[36],[29],[37],[26],[35]：

$$\bar{\boldsymbol{x}}=\sum_i \bar{\boldsymbol{\varphi}}_i\bar{\xi}_i=\bar{\boldsymbol{\varphi}}\bar{\boldsymbol{\xi}}. \tag{4.3.10}$$

从里兹法来看，$\bar{\boldsymbol{\varphi}}$ 中的各列不必全是振型，其中有几列或全部用假设的模态也可以．Meirovitch-Hall[49] 曾强调过这种假设模态的作法．不过对于比较复杂的问题，通常难于选到适用的假设模态．作了假设 (4.3.10) 之后，方程 (4.3.1)，(4.3.3) 就近似地简化为

$$\bar{\boldsymbol{\varphi}}^T(\bar{\boldsymbol{K}} - \lambda \boldsymbol{M})\bar{\boldsymbol{\varphi}}\bar{\boldsymbol{\xi}} = \bar{\boldsymbol{\varphi}}^T\bar{\boldsymbol{a}}\boldsymbol{\sigma}, \tag{4.3.11a}$$

$$-\bar{\boldsymbol{a}}^T\bar{\boldsymbol{\varphi}}\bar{\boldsymbol{\xi}} = \boldsymbol{0}, \tag{4.3.11b}$$

$$\bar{\boldsymbol{a}}^T[2\bar{\boldsymbol{R}}_a(\lambda) - \bar{\boldsymbol{R}}_a(\lambda)(\bar{\boldsymbol{K}} - \lambda\bar{\boldsymbol{M}})\bar{\boldsymbol{R}}_a(\lambda)]\bar{\boldsymbol{a}}\boldsymbol{\sigma} = \boldsymbol{0}. \tag{4.3.12}$$

其中

$$\bar{\boldsymbol{R}}_a(\lambda) = \bar{\boldsymbol{\varphi}}[\bar{\boldsymbol{\varphi}}^T(\bar{\boldsymbol{K}} - \lambda\bar{\boldsymbol{M}})\bar{\boldsymbol{\varphi}}]^{-1}\bar{\boldsymbol{\varphi}}^T. \tag{4.3.13}$$

对于线性本征值问题(4.3.11)，有时还可能从约束条件(4.3.11b)消去 $\bar{\boldsymbol{\xi}}$ 中不独立的元. 这样就可以把 $\bar{\boldsymbol{\xi}}$ 用低维列阵 $\boldsymbol{\xi}$ 表示[1)]

$$\bar{\boldsymbol{\xi}} = \boldsymbol{Q}\boldsymbol{\xi}, \quad \bar{\boldsymbol{a}}^T\bar{\boldsymbol{\varphi}}\boldsymbol{Q} = \boldsymbol{0}. \tag{4.3.14}$$

于是振动方程可化为

$$\boldsymbol{Q}^T\bar{\boldsymbol{\varphi}}^T(\bar{\boldsymbol{K}} - \lambda\bar{\boldsymbol{M}})\bar{\boldsymbol{\varphi}}\boldsymbol{Q}\boldsymbol{\xi} = \boldsymbol{0}. \tag{4.3.15}$$

从非线性本征值问题(4.3.13)来看，上述简化就是用近似的动柔度矩阵 $\bar{\boldsymbol{R}}_a(\lambda)$ 去代替(4.3.3)中的精确值 $\bar{\boldsymbol{R}}(\lambda)$. 当假设(4.3.10)中的 $\bar{\boldsymbol{\varphi}}_i$ 全部是修改后结构的振型时，由(4.3.13)给出的 $\bar{\boldsymbol{R}}_a(\lambda)$ 实质上是在 $\bar{\boldsymbol{R}}(\lambda)$ 的算式(4.3.5)中划去未被保留的振型而得到的表达式. 对于别的许多简化，也常可归结对动柔度矩阵的简化. 我们在文献[1]阐明了这个观点. 最近 Palazzolo 等[53] 也强调了这个观点. §4.6 将专门讨论动柔度矩阵的几种常用的简化方法.

在上述第一种简化方法中，子结构间的位移连续条件(4.3.1b)得到精确的满足，而内力协调条件(即运动方程(4.3.1a)中有关的几个)一般只得到近似的满足. 从这个角度来看，这第一种简化方法与下节介绍的约束子结构法具有相同的力学特点.

第二种类型的简化方法是对内力 $\boldsymbol{\sigma}$ 作些简化，例如假设

$$\boldsymbol{\sigma} = \bar{\boldsymbol{\beta}}\bar{\boldsymbol{\sigma}}, \tag{4.3.16}$$

式中 $\bar{\boldsymbol{\sigma}}$ 是新的待求的列阵[2)]，其维数小于 $\boldsymbol{\sigma}$，$\bar{\boldsymbol{\beta}}$ 是设定的矩阵. 采

1) $\boldsymbol{\xi}$ 和 $\bar{\boldsymbol{\xi}}$ 实质上是原结构和修改后结构的彼此对应的广义坐标，所以按照 §4.2 说明的记号规则，用了不带横和带横的同一个字母.

2) $\boldsymbol{\sigma}$ 是原结构的实有的内力. $\bar{\boldsymbol{\sigma}}$ 是简化后的广义内力，也可以理解为对原结构作某些修改后得到的内力，所以用了 $\bar{\boldsymbol{\sigma}}$ 这样一个记号.

用假设 (4.3.16) 后，方程 (4.3.1)，(4.3.3) 就近似地简化为

$$(\bar{\boldsymbol{K}}-\lambda\bar{\boldsymbol{M}})\bar{\boldsymbol{x}}=\bar{\boldsymbol{\alpha}}\bar{\boldsymbol{\beta}}\bar{\boldsymbol{\sigma}}, \tag{4.3.17a}$$

$$-\bar{\boldsymbol{\beta}}^T\bar{\boldsymbol{\alpha}}^T\bar{\boldsymbol{x}}=\boldsymbol{0}, \tag{4.3.17b}$$

$$\bar{\boldsymbol{\beta}}^T\bar{\boldsymbol{\alpha}}^T[2\bar{\boldsymbol{R}}(\lambda)-\bar{\boldsymbol{R}}(\lambda)(\bar{\boldsymbol{K}}-\lambda\bar{\boldsymbol{M}})\bar{\boldsymbol{R}}(\lambda)]\bar{\boldsymbol{\alpha}}\bar{\boldsymbol{\beta}}\bar{\boldsymbol{\sigma}}=\boldsymbol{0}. \tag{4.3.18}$$

在这第二种简化方法中，子结构间的内力协调条件得到精确的满足，而位移连续条件只得到近似的满足.

第三种类型的简化方法是同时对 $\bar{\boldsymbol{x}}$ 和 $\boldsymbol{\sigma}$ 作简化假设 (4.3.10) 和 (4.3.16). 这时方程 (4.3.1)，(4.3.3) 相应地近似简化为

$$\bar{\boldsymbol{\varphi}}^T(\bar{\boldsymbol{K}}-\lambda\bar{\boldsymbol{M}})\bar{\boldsymbol{\varphi}}\bar{\boldsymbol{\xi}}=\bar{\boldsymbol{\varphi}}^T\bar{\boldsymbol{\alpha}}\bar{\boldsymbol{\beta}}\bar{\boldsymbol{\sigma}}, \tag{4.3.19a}$$

$$-\bar{\boldsymbol{\beta}}^T\bar{\boldsymbol{\alpha}}^T\bar{\boldsymbol{\varphi}}\bar{\boldsymbol{\xi}}=\boldsymbol{0}, \tag{4.3.19b}$$

$$\bar{\boldsymbol{\beta}}^T\bar{\boldsymbol{\alpha}}^T[2\bar{\boldsymbol{R}}_a(\lambda)-\bar{\boldsymbol{R}}_a(\lambda)(\bar{\boldsymbol{K}}-\lambda\bar{\boldsymbol{M}})\bar{\boldsymbol{R}}_a(\lambda)]\bar{\boldsymbol{\alpha}}\bar{\boldsymbol{\beta}}\bar{\boldsymbol{\sigma}}=\boldsymbol{0}. \tag{4.3.20}$$

这里的 $\bar{\boldsymbol{R}}_a(\lambda)$ 仍由公式 (4.3.13) 决定. 在这第三种简化方法中，子结构间的位移连续条件和内力协调条件都只得到近似的满足.

§4.4 约束子结构法

在约束子结构法中，固定原结构的某些坐标 $\boldsymbol{x}_B$，而把原结构隔离成若干个子结构. 坐标 $\boldsymbol{x}_B$ 通常叫做界面坐标，或叫做对接坐标，有时也叫做子结构的公用坐标. 从 $\boldsymbol{x}$ 中扣除 $\boldsymbol{x}_B$ 后剩下的坐标 $\boldsymbol{x}_I$ 是子结构的专用坐标，也就是修改后结构的坐标 $\bar{\boldsymbol{x}}$. 为了计算方便起见，常需要调整原先给定的坐标编号顺序，以便做到

$$\boldsymbol{x}^T=[\boldsymbol{x}_I^T,\ \boldsymbol{x}_B^T]. \tag{4.4.1}$$

按照 §4.2 中《汇总表》的规定，$\boldsymbol{x}_I$ 中各个坐标的顺序应使得

$$\boldsymbol{x}_I^T=[\boldsymbol{x}_1^T,\ \boldsymbol{x}_2^T,\cdots]. \tag{4.4.2}$$

其中 $\boldsymbol{x}_s$ 是第 s 个子结构的坐标. 为了计算方便起见，$\boldsymbol{x}_B$ 中的各个坐标最好按界面的顺序排列. 下面我们就在坐标编号按上述要求调整好的前提下讨论约束子结构法.

对原结构的刚度矩阵、质量矩阵也按 $\boldsymbol{x}_I$，$\boldsymbol{x}_B$ 的关系分块. 这样原系统的方程可写成为

$$\left\{\begin{bmatrix} K_{II} & K_{IB} \\ K_{IB}^T & K_{BB} \end{bmatrix} - \lambda \begin{bmatrix} M_{II} & M_{IB} \\ M_{IB}^T & M_{BB} \end{bmatrix}\right\}\begin{bmatrix} x_I \\ x_B \end{bmatrix} = 0. \qquad (4.4.3)$$

矩阵 K_{II} 和 M_{II} 都是对应于子结构的分块对角矩阵，如 §4.2 中的《汇总表》所说明的.

在原结构上施加约束

$$x_B = 0 \qquad (4.4.4)$$

后，得到修改后的结构. 它的振动方程是

$$(K_{II} - \lambda M_{II})x_I = 0. \qquad (4.4.5)$$

这个方程是否便于求解，取决于子结构的性质和大小. 所以在约束子结构法中，最关键的一步仍然是化整为零选取适当的子结构. 这里的原则要求与 § 4.3 说明的基本相同，不再重复. 在贯彻那些原则时，仍然需要对原结构从力学上作深入的研究，并充分借鉴过去结构静动力分析中的成功经验.

现在假定子结构的问题已经解决，下面进而讨论如何复原. 从数学上看也就是如何利用方程(4.4.5)的解去求方程(4.4.3)的解. 复原方法可分为精确求解和近似求解两大类，而后者又可分为若干小类.

先讨论精确的复原方法. 从方程(4.4.3)的第一个

$$(K_{II} - \lambda M_{II})x_I + (K_{IB} - \lambda M_{IB})x_B = 0,$$

可解出

$$x_I = -\bar{R}(\lambda)(K_{IB} - \lambda M_{IB})x_B. \qquad (4.4.6)$$

其中 $\bar{R}(\lambda)$ 仍代表修改后结构的动柔度矩阵:

$$\bar{R}(\lambda) = (K_{II} - \lambda M_{II})^{-1}. \qquad (4.4.7)$$

为了便于和后面将介绍的各种近似解法对照，我们不妨把精确关系(4.4.6)看作是一种假设而用里兹法对方程(4.4.3)作变换. 这样得到

$$\{K_{BB} - \lambda M_{BB} - (K_{IB} - \lambda M_{IB})^T[2\bar{R}(\lambda) - \bar{R}(\lambda)(K_{II} - \lambda M_{II})\bar{R}(\lambda)](K_{IB} - \lambda M_{IB})\}x_B = 0. \qquad (4.4.8)$$

这样就把原结构的问题归结为关于 x_B 的一个非线性本征值问题. 由于 x_B 表示界面位移，所以约束子结构法有时又叫做界面位移

法1)．它是刚架分析中的位移转角法的发展．从数学上看，从方程(4.4.3)到(4.4.8)是一种消去法．方程(4.4.8)的系数矩阵是原结构的凝聚到自由度 $\boldsymbol{x}_B$ 上的凝聚动刚度矩阵．

这种精确的界面位移法（在有些文献中称为超单元法）曾由 Serbin[57]，Richards-Leung[55]，Leung[45],[47]，孙良新[5]，王文亮[7]，恽伟君[11] 等试用过．它对于有些类型的问题是适宜的．

对于不少比较复杂的结构，在复原过程中用近似解法是可取的．这里的近似解法几乎全都是里兹法，因而关键问题是对 $\boldsymbol{x}$ 作出适当的简化假设．这些假设大都属于下列类型（例如见[22]，[37]）

$$\boldsymbol{x}=\begin{bmatrix}\boldsymbol{x}_I\\ \boldsymbol{x}_B\end{bmatrix}=\begin{bmatrix}\bar{\boldsymbol{\varphi}}, & \boldsymbol{\psi}_I\\ \boldsymbol{0}, & \boldsymbol{\psi}_B\end{bmatrix}\begin{bmatrix}\bar{\boldsymbol{\xi}}\\ \boldsymbol{\zeta}\end{bmatrix}, \tag{4.4.9}$$

$$\bar{\boldsymbol{\varphi}}=[\bar{\boldsymbol{\varphi}}_1, \bar{\boldsymbol{\varphi}}_2, \cdots]. \tag{4.4.10}$$

其中 $\bar{\boldsymbol{\varphi}}_i$ 是修改后结构的前若干个振型2)，列阵 $\bar{\boldsymbol{\xi}}$ 是待定的系数．另一个待定的列阵 $\boldsymbol{\zeta}$ 代表复原回去的自由度，它的维数等于或小于 $\boldsymbol{x}_B$．矩阵

$$\boldsymbol{\psi}=[\boldsymbol{\psi}_I^T, \boldsymbol{\psi}_B^T]^T \tag{4.4.11}$$

中的每一列规定了复原回去的自由度的形态．

选取矩阵 $\boldsymbol{\psi}\boldsymbol{\zeta}$ 的办法有许多种．下面介绍四种较常用或可能有利的取法．第一种方法直截了当地选取[37],[22]

$$\boldsymbol{x}=\begin{bmatrix}\boldsymbol{x}_I\\ \boldsymbol{x}_B\end{bmatrix}=\begin{bmatrix}\bar{\boldsymbol{\varphi}}, & \boldsymbol{0}\\ \boldsymbol{0}, & \boldsymbol{I}\end{bmatrix}\begin{bmatrix}\bar{\boldsymbol{\xi}}\\ \boldsymbol{x}_B\end{bmatrix}. \tag{4.4.12}$$

这种取法比较简单，对有些问题是适用的，但对另外一些问题可能不利．其原因是与 $\bar{\boldsymbol{\xi}}$ 对应的自由度形态 $\bar{\boldsymbol{\varphi}}$ 涉及整整某一个子结

1）利用自由子结构的模态也可能建立界面位移法，例如见§4.7．所以界面位移法的含义比约束子结构法广．

2）单从里兹法着眼，$\bar{\boldsymbol{\varphi}}_i$ 不是振型而是假设的模态也可以．例如见 Hurty[37]，Hale-Meirovitch[33]，Meiroyitch-Hale[49]．但是对于一些比较复杂的系统，人们常因缺乏经验而很难作出合适的假设．所以实际上只能利用计算得到的振型．在§4.7 将介绍一种依据自由子结构的振型来建立假设模态的方法．

构，而与 $\boldsymbol{x}_B$ 对应的自由度形态常常只涉及很小的一个范围（见例4）。这种自由度形态涉及范围的悬殊，可能使由此得到的方程在数值特性上不理想，后面将介绍的其它三种方法，都在不同程度上扩大了复原自由度涉及的范围.

第二种是对界面位移 $\boldsymbol{x}_B$ 重新组合，这样假设(4.9)具体化为[1)]

$$\boldsymbol{x}=\begin{bmatrix}\boldsymbol{x}_I\\ \boldsymbol{x}_B\end{bmatrix}=\begin{bmatrix}\bar{\boldsymbol{\varphi}}, & \boldsymbol{0}\\ \boldsymbol{0}, & \boldsymbol{\phi}_B\end{bmatrix}\begin{bmatrix}\boldsymbol{\xi}\\ \boldsymbol{\zeta}_B\end{bmatrix}, \qquad \begin{matrix}(4.4.13\text{a})\\ (4.4.13\text{b})\end{matrix}$$

其中 $\boldsymbol{\zeta}_B$ 是新引进的界面广义位移列阵，$\boldsymbol{\phi}_B$ 中的每一列代表这些广义位移的形态. 当 $\boldsymbol{\zeta}_B$ 的维数与 $\boldsymbol{x}_B$ 相当时，公式 (4.4.13b) 仅仅是一种坐标变换，以使新的自由度形态更接近于预想中的振型。当 $\boldsymbol{\zeta}_B$ 的维数小于 $\boldsymbol{x}_B$ 时，公式 (4.4.13b) 是对界面坐标 $\boldsymbol{x}_B$ 所作的一种假设[2)]. 用里兹法把假设 (4.4.13a) 引入方程 (4.4.3) 后可得到

$$\boldsymbol{x}_I=-\bar{\boldsymbol{R}}_a(\lambda)(\boldsymbol{K}_{IB}-\lambda\boldsymbol{M}_{IB})\boldsymbol{x}_B, \qquad (4.4.14)$$

$$\begin{aligned}\{\boldsymbol{K}_{BB}-\lambda\boldsymbol{M}_{BB}-(\boldsymbol{K}_{IB}-\lambda\boldsymbol{M}_{IB})^T[2\bar{\boldsymbol{R}}_a(\lambda)\\ -\bar{\boldsymbol{R}}_a(\lambda)(\boldsymbol{K}_{II}-\lambda\boldsymbol{M}_{II})\bar{\boldsymbol{R}}_a(\lambda)](\boldsymbol{K}_{IB}-\lambda\boldsymbol{M}_{IB})\}\boldsymbol{x}_B\\ =\boldsymbol{0}.\end{aligned} \qquad (4.4.15)$$

其中 $\bar{\boldsymbol{R}}_a(\lambda)$ 是在 $\bar{\boldsymbol{R}}(\lambda)$ 的振型展开式中去掉未被保留在 $\bar{\boldsymbol{\varphi}}$ 中的振型所得到的结果. 可见在这种情况下假设 (4.4.13a) 可理解为对 $\bar{\boldsymbol{R}}(\lambda)$ 的简化. 在 §4.6 我们将讨论直接从 $\bar{\boldsymbol{R}}(\lambda)$ 的振型展开式出发的几种简化方案.

再用里兹法把假设 (4.4.13b) 引入方程 (4.4.15)，得到

$$\begin{aligned}\boldsymbol{\phi}_B^T\{\boldsymbol{K}_{BB}-\lambda\boldsymbol{M}_{BB}-(\boldsymbol{K}_{IB}-\lambda\boldsymbol{M}_{IB})^T[2\bar{\boldsymbol{R}}_a(\lambda)\\ -\bar{\boldsymbol{R}}_a(\lambda)(\boldsymbol{K}_{II}-\lambda\boldsymbol{M}_{II})\bar{\boldsymbol{R}}_a(\lambda)](\boldsymbol{K}_{IB}\\ -\lambda\boldsymbol{M}_{IB})\}\boldsymbol{\phi}_B\boldsymbol{\zeta}_B=\boldsymbol{0}.\end{aligned} \qquad (4.4.16)$$

第三种方法是取约束模态作为复原自由度（例如见 [37]，[22]，[60]）. 这就是说在子结构的界面坐标中依次取一个等于

---

1) $\boldsymbol{\zeta}_B$ 中的下标 B 表示 $\boldsymbol{\zeta}_B$ 只影响到 $\boldsymbol{x}_B$. 后面的公式 (4.4.19) 中的 $\boldsymbol{\zeta}$ 影响到整个 $\boldsymbol{x}$.

2) 对界面坐标作假设的做法可能是由 Craig-Chang 提出的[23].

1 而其余的等于 0，并命子结构内无载荷. 在上述条件下得到的静响应

$$\boldsymbol{\psi}=\begin{bmatrix}-\boldsymbol{K}_{II}^{-1}\boldsymbol{K}_{IB}\\ \boldsymbol{I}\end{bmatrix} \tag{4.4.17}$$

就定义为约束模态. 在这种方法中最后得到的假设是

$$\boldsymbol{x}=\begin{bmatrix}\boldsymbol{x}_I\\ \boldsymbol{x}_B\end{bmatrix}=\begin{bmatrix}\bar{\boldsymbol{\varphi}}, & -\boldsymbol{K}_{II}^{-1}\boldsymbol{K}_{IB}\\ \boldsymbol{0}, & \boldsymbol{I}\end{bmatrix}\begin{bmatrix}\bar{\boldsymbol{\xi}}\\ \boldsymbol{\eta}\end{bmatrix}. \qquad \begin{matrix}(4.4.18\text{a})\\(4.4.18\text{b})\end{matrix}$$

从 (4.4.18b) 可知 $\boldsymbol{\eta}$ 和 $\boldsymbol{x}_B$ 中的对应元的数值相等. 但是 $\boldsymbol{\eta}$ 和 $\boldsymbol{x}_B$ 代表着不同性质的自由度形态，所以用了两个不同的记号.

第四种方法是前两种方法的结合. 先把界面坐标重新组合，然后利用静响应扩大复原自由度涉及的范围. 这样最后得到的假设是

$$\boldsymbol{x}=\begin{bmatrix}\boldsymbol{x}_I\\ \boldsymbol{x}_B\end{bmatrix}=\begin{bmatrix}\bar{\boldsymbol{\varphi}}, & -\boldsymbol{K}_{II}^{-1}\boldsymbol{K}_{IB}\boldsymbol{\psi}_B\\ \boldsymbol{0}, & \boldsymbol{\psi}_B\end{bmatrix}\begin{bmatrix}\bar{\boldsymbol{\xi}}\\ \boldsymbol{\zeta}\end{bmatrix}. \tag{4.4.19}$$

利用设定的界面位移所产生的静响应来恢复当初失去的自由度，在不少情况下比较有利. 这是因为一方面在低频情况下的振型常与静响应相差不多，另一方面静响应与约束振型在应变能上不耦合，即 $\bar{\boldsymbol{\xi}}$ 与 $\boldsymbol{\zeta}$ 有 $\boldsymbol{K}$ 正交性. 这一点可以从平衡问题中的虚位移原理简捷地得到. 求静响应是解一个平衡问题. 与静响应对应的载荷全在界面上. 把约束振型取为虚位移（界面位移全等于零），可见这组载荷和位移互不作功. 下面再从数学上核对上述结论.

$$\begin{aligned}2\Pi&=\boldsymbol{x}^T\boldsymbol{K}\boldsymbol{x}\\
&=\begin{bmatrix}\bar{\boldsymbol{\xi}}\\ \boldsymbol{\zeta}\end{bmatrix}^T\begin{bmatrix}\bar{\boldsymbol{\varphi}}^T, & \boldsymbol{0}\\ -(\boldsymbol{K}_{II}^{-1}\boldsymbol{K}_{IB}\boldsymbol{\psi}_B)^T, & \boldsymbol{\psi}_B^T\end{bmatrix}\begin{bmatrix}\boldsymbol{K}_{II}, & \boldsymbol{K}_{IB}\\ \boldsymbol{K}_{IB}^T, & \boldsymbol{K}_{BB}\end{bmatrix}\\
&\quad\cdot\begin{bmatrix}\bar{\boldsymbol{\varphi}}, & -\boldsymbol{K}_{II}^{-1}\boldsymbol{K}_{IB}\boldsymbol{\psi}_B\\ \boldsymbol{0}, & \boldsymbol{\psi}_B\end{bmatrix}\begin{bmatrix}\bar{\boldsymbol{\xi}}\\ \boldsymbol{\zeta}\end{bmatrix}\\
&=\begin{bmatrix}\bar{\boldsymbol{\xi}}\\ \boldsymbol{\zeta}\end{bmatrix}^T\begin{bmatrix}\bar{\boldsymbol{\varphi}}^T\boldsymbol{K}_{II}\bar{\boldsymbol{\varphi}}, & \boldsymbol{0}\\ \boldsymbol{0}, & \boldsymbol{\psi}_B^T\boldsymbol{K}_{BB}\boldsymbol{\psi}_B-\boldsymbol{\psi}_B^T\boldsymbol{K}_{IB}^T\boldsymbol{K}_{II}^{-1}\boldsymbol{K}_{IB}\boldsymbol{\psi}_B\end{bmatrix}\begin{bmatrix}\bar{\boldsymbol{\xi}}\\ \boldsymbol{\zeta}\end{bmatrix}\\
&=\bar{\boldsymbol{\xi}}^T(\bar{\boldsymbol{\varphi}}^T\boldsymbol{K}_{II}\bar{\boldsymbol{\varphi}})\bar{\boldsymbol{\xi}}\\
&\quad+\boldsymbol{\zeta}^T\boldsymbol{\psi}_B^T(\boldsymbol{K}_{BB}-\boldsymbol{K}_{IB}^T\boldsymbol{K}_{II}^{-1}\boldsymbol{K}_{IB})\boldsymbol{\psi}_B\boldsymbol{\zeta}.\end{aligned} \tag{4.4.20}$$

在选好了假设（4.4.9）后，方程（4.4.3）就近似地简化为

$$\left\{\begin{bmatrix} \boldsymbol{K}_{\xi\xi}, & \boldsymbol{K}_{\xi\zeta} \\ \boldsymbol{K}_{\xi\zeta}^T, & \boldsymbol{K}_{\zeta\zeta} \end{bmatrix} - \lambda \begin{bmatrix} \boldsymbol{M}_{\xi\xi}, & \boldsymbol{M}_{\xi\zeta} \\ \boldsymbol{M}_{\xi\zeta}^T, & \boldsymbol{M}_{\zeta\zeta} \end{bmatrix}\right\} \begin{bmatrix} \boldsymbol{\xi} \\ \boldsymbol{\zeta} \end{bmatrix} = \boldsymbol{0}, \tag{4.4.21}$$

其中

$$\begin{bmatrix} \boldsymbol{K}_{\xi\xi}, & \boldsymbol{K}_{\xi\zeta} \\ \boldsymbol{K}_{\xi\zeta}^T, & \boldsymbol{K}_{\zeta\zeta} \end{bmatrix} = \begin{bmatrix} \bar{\boldsymbol{\varphi}}, & \boldsymbol{\phi}_I \\ \boldsymbol{0}, & \boldsymbol{\phi}_B \end{bmatrix}^T \begin{bmatrix} \boldsymbol{K}_{II}, & \boldsymbol{K}_{IB} \\ \boldsymbol{K}_{IB}^T, & \boldsymbol{K}_{BB} \end{bmatrix} \begin{bmatrix} \bar{\boldsymbol{\varphi}}, & \boldsymbol{\phi}_I \\ \boldsymbol{0}, & \boldsymbol{\phi}_B \end{bmatrix}, \tag{4.4.22a}$$

$$\begin{bmatrix} \boldsymbol{M}_{\xi\xi}, & \boldsymbol{M}_{\xi\zeta} \\ \boldsymbol{M}_{\xi\zeta}^T, & \boldsymbol{M}_{\zeta\zeta} \end{bmatrix} = \begin{bmatrix} \bar{\boldsymbol{\varphi}}, & \boldsymbol{\phi}_I \\ \boldsymbol{0}, & \boldsymbol{\phi}_B \end{bmatrix}^T \begin{bmatrix} \boldsymbol{M}_{II}, & \boldsymbol{M}_{IB} \\ \boldsymbol{M}_{IB}^T, & \boldsymbol{M}_{BB} \end{bmatrix} \begin{bmatrix} \bar{\boldsymbol{\varphi}}, & \boldsymbol{\phi}_I \\ \boldsymbol{0}, & \boldsymbol{\phi}_B \end{bmatrix}. \tag{4.4.22b}$$

到这里已把原系统的问题简化为求解方程（4.4.21）．这个方程又有两种解法．其一是直接求解(4.4.21)这个线性本征值问题．由于方程的阶数已大为降低，直接求解一般是可行的．还有一种解法是用消去法，即消去 $\boldsymbol{\xi}$ 而得到关于 $\boldsymbol{\zeta}$ 的一个非线性本征值问题．

$$\{\boldsymbol{K}_{\zeta\zeta} - \lambda\boldsymbol{M}_{\zeta\zeta} - (\boldsymbol{K}_{\xi\zeta} - \lambda\boldsymbol{M}_{\xi\zeta})^T[2\bar{\boldsymbol{R}}_a(\lambda) - \bar{\boldsymbol{R}}_a(\boldsymbol{K}_{\xi\xi} - \lambda\boldsymbol{M}_{\xi\xi})\bar{\boldsymbol{R}}_a(\lambda)](\boldsymbol{K}_{\xi\zeta} - \lambda\boldsymbol{M}_{\xi\zeta})\}\boldsymbol{\zeta} = \boldsymbol{0}. \tag{4.4.23}$$

其中

$$\bar{\boldsymbol{R}}_a(\lambda) = (\boldsymbol{K}_{\xi\xi} - \lambda\boldsymbol{M}_{\xi\xi})^{-1}. \tag{4.4.24}$$

例 4 再考虑例 2 中的三跨连续板．原结构仍如图 4.3.1(a) 所示．$\boldsymbol{x}$ 有 56 个元．现在仍用“化整为零”的办法，只不过改为固定中间支座上的四个节点的转角．在本例中需要将图 4.3.1(a) 所示的结点编号改为如图 4.4.1(a) 所示的编号．三个子结构的专用结点的编号依次为 1—12，13—20，21—32．两个界面上的结点编号依次为 33—36，37—40．在这个新编号中，$\boldsymbol{x}_B$ 便是由 34，35，38，39 四个结点的法向转角所组成的列阵

$$\boldsymbol{x}_B = [\theta_{34}, \theta_{35}, \theta_{38}, \theta_{39}]^T,$$

而 $\boldsymbol{x}_I$ 是从 $\boldsymbol{x}$ 中扣除 $\boldsymbol{x}_B$（即 $\boldsymbol{x}$ 中的最后四个元）后所得到的列阵，即由 $\boldsymbol{x}$ 中的前 52 个元所组成的列阵．

从修改后的结构到原结构，需要补充当初失去的 4 个自由度．一种直截了当的做法是补充 $\boldsymbol{x}_B$．考虑到原结构的对称性，把 $\boldsymbol{x}_B$ 按下式重新组合是有利的

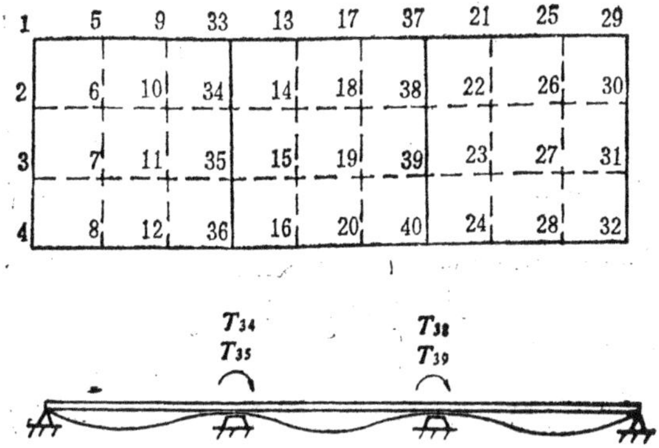

图 4.4.1(a) 修改后的结构

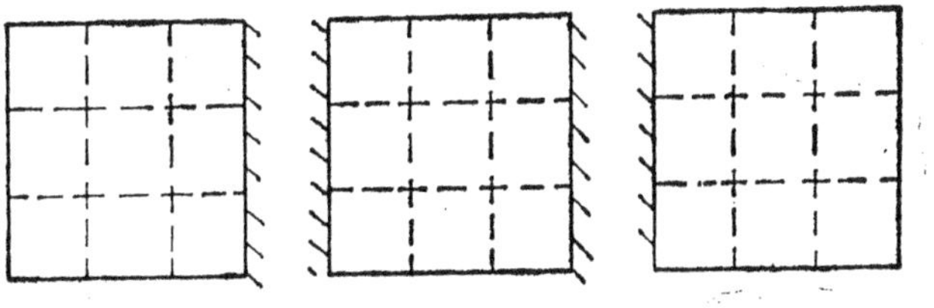

图 4.4.1(b) 三个子结构

$$\boldsymbol{x}_B = \boldsymbol{\psi}_B \boldsymbol{\zeta}_B, \tag{4.4.13b}$$

$$\boldsymbol{\psi}_B = \begin{bmatrix} 1, & 0, & 1, & 0 \\ 1, & 0, & -1, & 0 \\ 0, & 1, & 0, & 1 \\ 0, & 1, & 0, & -1 \end{bmatrix}. \tag{4.4.25}$$

$\boldsymbol{x}_B$ 中各个元所代表的自由度形态，都只涉及很小的范围，每个只涉及 4 个相邻的有限单元. $\boldsymbol{\zeta}_B$ 所代表的自由度形态所涉及的范围稍大一点，但每个也只涉及中间支座两旁的 8 个有限单元. 为了进一步扩大复原自由度所涉及的范围，可选用类似(4.4.19)的假设，其中的 $\boldsymbol{\psi}_B$ 可仍由 (4.4.25) 决定.

§4.5 局部刚化法

在局部刚化法中，把原结构的部份零部件想像为刚体. 在这样得到的修改后的结构（可简称为刚化结构）中，有部份所谓次自由度（也称从自由度）$\boldsymbol{x}_s$[1] 从属于其余的所谓主自由度 $\bar{\boldsymbol{x}}$ 而有

$$\boldsymbol{x}_s = \boldsymbol{P}\bar{\boldsymbol{x}}. \tag{4.5.1}$$

式中的矩阵 $\boldsymbol{P}$ 可根据刚化的性质确定. 调整原结构中各个坐标的编号顺序，使得原系统的坐标列阵 $\boldsymbol{x}'$ 为

$$\boldsymbol{x}' = [\bar{\boldsymbol{x}}^T, \boldsymbol{x}_s^T]^T. \tag{4.5.2}$$

在原系统中关系式 (4.5.1) 不成立. 命

$$\boldsymbol{x}_e = \boldsymbol{x}_s - \boldsymbol{P}\bar{\boldsymbol{x}}. \tag{4.5.3}$$

$\boldsymbol{x}_e$ 是被刚化的零部件实际的弹性变形. 现在再对原系统作一次坐标变换.

$$\boldsymbol{x} = [\bar{\boldsymbol{x}}^T, \boldsymbol{x}_e^T]^T, \quad \boldsymbol{x}' = [\bar{\boldsymbol{x}}^T, \boldsymbol{x}_s^T]^T, \tag{4.5.4a}$$

$$\boldsymbol{x} = \begin{bmatrix} \bar{\boldsymbol{I}}, & \boldsymbol{0} \\ -\boldsymbol{P}, & \boldsymbol{I}_s \end{bmatrix} \boldsymbol{x}', \quad \boldsymbol{x}' = \begin{bmatrix} \bar{\boldsymbol{I}}, & \boldsymbol{P} \\ \boldsymbol{0}, & \boldsymbol{I}_s \end{bmatrix} \boldsymbol{x} \tag{4.5.4b}$$

其中 $\bar{\boldsymbol{I}}$ 和 $\boldsymbol{I}_s$ 是分别与 $\bar{\boldsymbol{x}}$ 和 $\boldsymbol{x}_s$ 同阶的单位矩阵. 把 $\boldsymbol{x}$ 作为原系统的坐标列阵后，刚化条件 (4.5.1) 可简单地表示为

$$\boldsymbol{x}_e = \boldsymbol{0}. \tag{4.5.5}$$

这个条件与上节的约束条件 (4.4.4) 完全相同. 可见在引进刚化零部件的弹性位移后，局部刚化法和约束子结构法在数学上完全相同. 上节的许多数学解法都可用于本节. 所以这两种方法虽然在力学背景上不同，但在数学上可归诸同一类型的问题.

本节的局部刚化法与 §2.5 讨论的小参数法有着共同的力学背景，两者都是在刚化结构的基础上去推算原结构的特性. §2.5 的小参数法适用于原结构中这些零部件的刚度本来已很大的情况，本节的方法则不受这个限制.

---

1) 本节中的 $\boldsymbol{x}_s$ 的下标 s 是指 slave，而不是指 sub-.

§ 4.6　动柔度的简化

修改后结构的动柔度矩阵 $\bar{\boldsymbol{R}}(\lambda)$ 的简化办法有很多种. 较常用的有下列四种.

(1) 对固有振型展开

动柔度矩阵 $\bar{\boldsymbol{R}}(\lambda)$对固有振型的展开式(4.3.5)用之已久,难于考查始于何时. 在近似计算中,人们只能取该级数的若干项,通常是前若干项,在有纯静态位移 $\bar{\boldsymbol{\varphi}}_\infty$ 时或者再加上与 $\bar{\boldsymbol{\varphi}}_\infty$ 有关的一项. 所以公式 (4.3.5) 在近似计算中的实用价值取决于它的收敛速度. 这个收敛速度不仅与待求的本征值 λ 有关, 并且还与修改后结构的各个本征值有关.

当 λ 远小于修改后结构的非零本征值时, 两者相减时便可略去 λ. 于是当修改后的结构有 k 重零本征值 (即有 k 个互相独立无关的刚体自由度)时,近似地有

$$\bar{\boldsymbol{R}}(\lambda) = -\frac{\bar{\boldsymbol{\varphi}}_0\bar{\boldsymbol{\varphi}}_0^T}{\lambda} + \sum_{i>k}\frac{\bar{\boldsymbol{\varphi}}_i\bar{\boldsymbol{\varphi}}_i^T}{\bar{\lambda}_i} + \bar{\boldsymbol{\varphi}}_\infty\bar{\boldsymbol{\varphi}}_\infty^T, \tag{4.6.1}$$

其中

$$\bar{\boldsymbol{\varphi}}_0 = [\bar{\boldsymbol{\varphi}}_1, \bar{\boldsymbol{\varphi}}_2, \cdots, \bar{\boldsymbol{\varphi}}_k]. \tag{4.6.2}$$

而当无零本征值时,近似地有

$$\bar{\boldsymbol{R}}(\lambda) = \sum_{i}\frac{\bar{\boldsymbol{\varphi}}_i\bar{\boldsymbol{\varphi}}_i^T}{\bar{\lambda}_i} + \bar{\boldsymbol{\varphi}}_\infty\bar{\boldsymbol{\varphi}}_\infty^T. \tag{4.6.3}$$

这相当于在公式 (4.6.1) 中取 $k=0$.

当 λ 从零逐渐增加时, 级数 (4.3.5) 的收敛速度不断加快, 以致在 λ 接近第一个非零本征值 $\bar{\lambda}_p(p=k+1)$ 时, 只取级数的前 p 项便能得到良好的近似. 当 $\lambda > \bar{\lambda}_p$ 后, 级数 (4.3.5) 的收敛速度先降低而后回升. 当 $\lambda \approx \bar{\lambda}_{p+1}$ 时收敛速度达到第二个高峰. 当 λ 再增加时, 收敛速度就这样来回摆动. 但是总的趋势是愈来愈差.

当 λ 不变时, 级数 (4.3.5) 的收敛速度与修改后结构的本征值

$\bar{\lambda}_i$ 有关．当 $\bar{\lambda}_1, \bar{\lambda}_2, \cdots\cdots$ 之间的间距较大时级数收敛得较快，反之则较慢．

本征值之间的间距，随结构的具体特点而不同．对于基本上是一维的结构，本征值的间距一般是较大的．对于二维尤其是三维结构，本征值的间距便较小．有些结构甚至有频率集聚现象，即在很小一段频率区间内有很多个固有频率．对于有频率集聚现象的结构，级数 (4.3.5) 的收敛速度常常是很差的．

(2) 对 λ 展开

如果修改后的结构没有刚体自由度，那末 $\bar{\boldsymbol{R}}(\lambda)$ 可以展开为 λ 的幂级数，即

$$\begin{aligned}\bar{\boldsymbol{R}}(\lambda) &= (\bar{\boldsymbol{K}} - \lambda \boldsymbol{M})^{-1} = (\boldsymbol{I} - \lambda \bar{\boldsymbol{K}}^{-1}\boldsymbol{M})^{-1}\boldsymbol{K}^{-1} \\ &= \bar{\boldsymbol{R}}_0 + \lambda \bar{\boldsymbol{R}}_1 + \lambda^2 \bar{\boldsymbol{R}}_2 + \cdots,\end{aligned} \tag{4.6.4}$$

其中

$$\begin{aligned}&\bar{\boldsymbol{R}}_0 = \bar{\boldsymbol{K}}^{-1}, \\ &\bar{\boldsymbol{R}}_i = \bar{\boldsymbol{K}}^{-1}\boldsymbol{M}\bar{\boldsymbol{R}}_{i-1}, \quad i \geqslant 1.\end{aligned} \tag{4.6.5}$$

在自由子结构法中，有些子结构有刚体自由度．在局部刚化法中，有时也会出现刚体自由度．在这种情况下，$\bar{\boldsymbol{R}}(\lambda)$ 不能展成 λ 的幂级数，但可以展开成多一项的广义幂级数

$$\bar{\boldsymbol{R}}(\lambda) = \frac{\bar{\boldsymbol{R}}_{-1}}{\lambda} + \bar{\boldsymbol{R}}_0 + \lambda \bar{\boldsymbol{R}}_1 + \lambda^2 \bar{\boldsymbol{R}}_2 + \cdots, \tag{4.6.6}$$

其中 $\bar{\boldsymbol{R}}_{-1}, \bar{\boldsymbol{R}}_0, \bar{\boldsymbol{R}}_1, \cdots$ 为与 λ 无关的矩阵．从公式 (4.6.1) 即知

$$\bar{\boldsymbol{R}}_{-1} = -\bar{\boldsymbol{\varphi}}_0 \bar{\boldsymbol{\varphi}}_0^T. \tag{4.6.7}$$

事实上我们可以想像 $\bar{\boldsymbol{R}}_{-1}$ 是从公式 (4.3.5) 的前 k 项得来的，而 $\bar{\boldsymbol{R}}_0, \bar{\boldsymbol{R}}_1, \cdots$ 是从其余各项得来的．根据振型的正交性质我们可以预见到

$$\bar{\boldsymbol{\varphi}}_0^T \boldsymbol{M} \bar{\boldsymbol{R}}_i = \boldsymbol{0}, \quad i \geqslant 0. \tag{4.6.8}$$

为了决定 $\bar{\boldsymbol{R}}_0, \bar{\boldsymbol{R}}_1, \cdots$，可利用 $\bar{\boldsymbol{R}}(\lambda)$ 的定义 (4.3.4)，即

$$(\bar{\boldsymbol{K}} - \lambda \boldsymbol{M})\left(\frac{\bar{\boldsymbol{R}}_{-1}}{\lambda} + \bar{\boldsymbol{R}}_0 + \lambda \bar{\boldsymbol{R}}_1 + \cdots\right) = \boldsymbol{I}. \tag{4.6.9}$$

依次取出此式两端 λ 的同次幂的系数，便可得到一系列的方程，由

此可依次求得各个系数矩阵.

$1/\lambda$ 的系数

$$\bar{\boldsymbol{K}}\bar{\boldsymbol{R}}_{-1}=\mathbf{0}. \tag{4.6.10}$$

公式 (4.6.7) 给出的 $\bar{\boldsymbol{R}}_{-1}$ 是满足此方程的.

λ^0 的系数

$$\bar{\boldsymbol{K}}\bar{\boldsymbol{R}}_0=\boldsymbol{I}+\boldsymbol{M}\bar{\boldsymbol{R}}_{-1}. \tag{4.6.11}$$

$\bar{\boldsymbol{K}}$ 是个奇异矩阵，所以上式只有在特殊情况下才有解. 有解的充分必要条件是

$$\bar{\boldsymbol{\varphi}}_0^T(\boldsymbol{I}+\boldsymbol{M}\boldsymbol{R}_{-1})=\mathbf{0}. \tag{4.6.12}$$

公式 (4.6.7) 给出的 $\bar{\boldsymbol{R}}_{-1}$ 也满足此方程. 所以此方程 (4.6.11) 有解. 此外从(4.6.8) 有

$$\bar{\boldsymbol{\varphi}}_0^T\boldsymbol{M}\bar{\boldsymbol{R}}_0=\mathbf{0}. \tag{4.6.13}$$

方程 (4.6.11), (4.6.13) 唯一地决定了 $\bar{\boldsymbol{R}}_0$. 关于方程 (4.6.11), (4.6.13) 的若干具体解法可参考 §2.1.

λ 的系数

$$\bar{\boldsymbol{K}}\bar{\boldsymbol{R}}_1=\boldsymbol{M}\bar{\boldsymbol{R}}_0. \tag{4.6.14}$$

由于 $\bar{\boldsymbol{R}}_0$ 满足条件 (4.6.13), 所以方程 (4.6.14) 有解. 此外从 (4.6.8) 有

$$\bar{\boldsymbol{\varphi}}_0^T\boldsymbol{M}\boldsymbol{R}_1=\mathbf{0}. \tag{4.6.15}$$

方程 (4.6.14), (4.6.15) 唯一地决定了 $\bar{\boldsymbol{R}}_1$.

仿照以上的办法，在方程 (4.6.9) 中再依次取出 λ^2, λ^3, $\cdots$ 的系数，并辅以正交条件 (4.6.8), 便可依次决定 $\bar{\boldsymbol{R}}_2$, $\bar{\boldsymbol{R}}_3$, $\cdots$. 这里不再赘述.

幂级数和广义幂级数的一个重要特点是它的收敛性易于估计. 命修改后结构的最小的非零本征值为 $\bar{\lambda}_p$ (它也就是子结构的最小的非零本征值), 那末级数 (4.6.4) 和 (4.6.6) 的收敛速度大致相当于下列等比级数

$$\frac{1}{\bar{\lambda}_p-\lambda}=\frac{1}{\bar{\lambda}_p}\left\{1+\frac{\lambda}{\bar{\lambda}_p}+\left(\frac{\lambda}{\bar{\lambda}_p}\right)^2+\cdots\right\}. \tag{4.6.16}$$

当 $\lambda/\bar{\lambda}_p$ 很小时，级数 (4.6.4) 和 (4.6.6) 收敛得很快，只取头二、三

项便可以了．随着 $\lambda/\bar{\lambda}_p$ 的增加，级数 (4.6.4) 和 (4.6.6) 的收敛速度不断变慢，以致在 $\lambda=\bar{\lambda}_p$ 时变为发散的．

不要因为幂级数和广义幂级数是一种平凡古老的级数而看轻了它的实用价值．从长远发展看，幂级数和广义幂级数的作用将会愈来愈大．这是因为随着计算机容量的增加，人们愈来愈有可能一次拼装(综合)许多子结构．这样子结构与原结构两者非零本征值的差距将会愈来愈大，从而使幂级数和广义幂级数的优点更加显著． Przemieniecki J. S.[54] 首先在有限单元法中采用幂级数展开，并声称在实际计算中只保留到级数的 λ^2 项，就能大大地节省计算量而仍有足够的精度．动力分析中 Guyan 等人提出的减缩法 (例如见 [32], [43], [44], [23], [59]) 和 Irons 等人提出的主次参数法(例如见[39], [16])都相当于取级数 (4.6.4) 的第一项．近年来有些作者 (例如见 [31], [1], [50], [27], [40], [10]) 更是有意识地利用幂级数展开．

幂级数的特点是自变量越小，级数收敛得越快．为了充份利用这个特点，可以用移频法．这个方法在数学上是熟知的(例如见[62])．在力学文献中 Bathe-Wilson[17] 曾利用它躲开零本征值，在其它方面还用得不多．所谓移频法，就是把本征值的原点从 0 移至某个恰当的值 λ^*．这种做法相当于把麦克劳林级数改为泰勒级数．

原来的问题是求解代数本征值问题

$$(\boldsymbol{K}-\lambda\boldsymbol{M})\boldsymbol{x}=\boldsymbol{0}. \tag{4.6.17}$$

如果我们准备在 $\lambda=\lambda^*$ 附近寻找本征值和本征列阵，那末可以命

$$\mu=\lambda-\lambda^*, \tag{4.6.18}$$

$$\boldsymbol{A}=\boldsymbol{K}-\lambda^*\boldsymbol{M}. \tag{4.6.19}$$

于是方程 (4.6.17) 转变为

$$(\boldsymbol{A}-\mu\boldsymbol{M})\boldsymbol{x}=\boldsymbol{0}. \tag{4.6.20}$$

这便是移频后得到的新的本征值问题．λ^* 通常不是本征值，因而 $\mu=0$ 不是本征值．这样动柔度矩阵可展开成 μ 的幂级数

$$\boldsymbol{R}(\lambda)=(\boldsymbol{A}-\mu\boldsymbol{M})^{-1}$$

$$= A^{-1}[I + \mu MA^{-1} + \mu^2(MA^{-1})^2 + \cdots]. \qquad (4.6.21)$$

由于我们只准备在 $\mu = 0$ 附近寻求本征值，因此可以充分发挥级数 (4.6.21) 的优越性.

(3) **以固有振型收尾[1]的混合展开**

为了改善级数 (4.3.5) 的收敛性，许多作者提出先求 (4.3.5) 与 (4.6.1) 两式之差，而把 $\bar{R}(\lambda)$ 的算式转变为

$$\bar{R}(\lambda) = \frac{\bar{R}_{-1}}{\lambda} + \bar{R}_0 + \lambda \sum_{i>k} \frac{\bar{\varphi}_i \bar{\varphi}_i^T}{\bar{\lambda}_i(\bar{\lambda}_i - \lambda)}. \qquad (4.6.22)$$

此式右端的前两项代表式 (4.6.1) 右端的算式. 它们也就是用广义幂级数展开式 (4.6.6) 所得的前两项. 这个级数的收敛速度一般要比 (4.3.5) 快一些. 这种改善级数收敛速度的办法似乎起源于 v. Karman (见 [41], [42])，后来在平衡、稳定和振动问题中都有广泛应用. 在振动问题中此法常称为模态加速法. 在模态综合法中，这个方法初见于文献 [48]，后来又在文献 [34], [23], [24], [14], [46], [15], [53] 中被采用.

在模态综合法中有一种考虑“剩余柔度”的方法. 这种方法其实就是模态加速法. 在实际工作中，人们总是在适当的地方截断公式 (4.3.5) 中的级数而只保留前若干项. 设在第 l 个振型后截断，这时得到动柔度的近似式

$$\bar{R}^0(\lambda) = \sum_{i=1}^{l} \frac{\bar{\varphi}_i \bar{\varphi}_i^T}{\bar{\lambda}_i - \lambda}. \qquad (4.6.23)$$

公式 (4.3.5) 中被略去的各项称为剩余动柔度，记为

$$\bar{R}^r(\lambda) = \sum_{i>l} \frac{\bar{\varphi}_i \bar{\varphi}_i^T}{\bar{\lambda}_i - \lambda} + \bar{\varphi}_\infty \bar{\varphi}_\infty^T. \qquad (4.6.24)$$

截断振型的原则是

$$\lambda_{l+1} \gg \lambda. \qquad (4.6.25)$$

因而可以在式 (4.6.24) 中略去 λ 的影响而近似地认为动的与静的剩余柔度相等

---

1) 所谓“收尾”是指公式 (4.6.22) 和 (4.6.31) 末尾的那个级数只取其前若干项.

$$\bar{R}^r(\lambda) \approx \bar{R}^r(0) = \sum_{i>l} \frac{\bar{\varphi}_i \bar{\varphi}_i^T}{\bar{\lambda}_i} + \bar{\varphi}_\infty \bar{\varphi}_\infty^T. \tag{4.6.26}$$

将剩余静柔度引入 (4.6.23)，得到一个更好一些的表达式

$$\bar{R}'(\lambda) = \sum_{i=1}^{l} \frac{\bar{\varphi}_i \bar{\varphi}_i^T}{\bar{\lambda}_i - \lambda} + \sum_{i>l} \frac{\bar{\varphi}_i \bar{\varphi}_i^T}{\bar{\lambda}_i} + \bar{\varphi}_\infty \bar{\varphi}_\infty^T. \tag{4.6.27}$$

这个振型截断加剩余静柔度的公式，正好就是对公式 (4.6.22) 作同样的振型截断所得到的结果．这是因为式 (4.6.27) 与精确公式 (4.3.5)的差别是

$$\begin{aligned} \bar{R}(\lambda) - \bar{R}'(\lambda) &= \sum_{i>l} \left(\frac{1}{\bar{\lambda}_i - \lambda} - \frac{1}{\bar{\lambda}_i} \right) \bar{\varphi}_i \bar{\varphi}_i^T \\ &= \lambda \sum_{i>l} \frac{\bar{\varphi}_i \bar{\varphi}_i^T}{\bar{\lambda}_i (\bar{\lambda}_i - \lambda)}. \end{aligned} \tag{4.6.28}$$

它正好是公式 (4.6.22) 中被截掉(略去)的部份．

为了进一步改进级数 (4.6.22) 的收敛性，最近 Rubin[56] 提出再应用一两次 v. Karman 办法．这样可以依次得到

$$\bar{R}(\lambda) = \frac{\bar{R}_{-1}}{\lambda} + \bar{R}_0 + \lambda \bar{R}_1 + \lambda^2 \sum_i \frac{\bar{\varphi}_i \bar{\varphi}_i^T}{\bar{\lambda}_i^2 (\bar{\lambda}_i - \lambda)}, \tag{4.6.29}$$

$$\bar{R}(\lambda) = \frac{\bar{R}_{-1}}{\lambda} + \bar{R}_0 + \lambda \bar{R}_1 + \lambda^2 \bar{R}_2 + \lambda^3 \sum_i \frac{\bar{\varphi}_i \bar{\varphi}_i^T}{\bar{\lambda}_i^3 (\bar{\lambda}_i - \lambda)}. \tag{4.6.30}$$

从以上几个公式可以看到，MacNeal 和 Rubin 方法的特点是先取广义幂级数展开的前少数项，而把余项对因有振型展开．

一般说来，级数 (4.3.5)，(4.6.22)，(4.6.29)，(4.6.30) 的收敛性一个比一个有所改善．改善的原因是在各项的分母中依次增加了一个因子 $\bar{\lambda}_i$．可见收敛性的改善与本征值的间距有关．间距大，改善得多，间距小，改善得少．但是不要以为用一次 v. Karman 方法就一定能获得好处． 这是因为用一次 v. Karman 方法后在级数的前面会多出一项来，所以只有同时能在级数后面省去两项，才能获得实际的好处．

(4) 以幂级数收尾的混合展开

广义幂级数展开适用于 $\lambda \ll \bar{\lambda}_p$ 的情况[1)]，对固有振型的展开适用于 $\lambda \approx \bar{\lambda}_p$ 的情况. 为了有更宽的适用范围，可以采用以幂级数收尾的混合展开式. 这是本人在文献 [1] 提出来的办法. 取级数 (4.3.5) 的前若干项，例如前 l 项 (l 常大于修改后结构的零本征值的重数，即 $\bar{\lambda}_l > 0$)，而把余下的各项展开成 λ 的幂级数. 这样便得到了一种混合展开式

$$\bar{\boldsymbol{R}}(\lambda) = \sum_{i=1}^{l} \frac{\bar{\boldsymbol{\varphi}}_i \bar{\boldsymbol{\varphi}}_i^T}{\bar{\lambda}_i - \lambda} + \bar{\boldsymbol{A}}_0 + \lambda \bar{\boldsymbol{A}}_1 + \lambda^2 \bar{\boldsymbol{A}}_2 + \cdots \tag{4.6.31}$$

此式中的幂级数的收敛速度大致相当于下列等比级数

$$\frac{1}{\bar{\lambda}_{l+1} - \lambda} = \frac{1}{\bar{\lambda}_{l+1}} \left\{ 1 + \frac{\lambda}{\bar{\lambda}_{l+1}} + \left(\frac{\lambda}{\bar{\lambda}_{l+1}} \right)^2 + \cdots \right\}. \tag{4.6.32}$$

因此只要 $\lambda \ll \bar{\lambda}_{l+1}$，公式 (4.6.31) 中的幂级数的收敛性便是良好的，其收敛速度远大于前三种展开式.

如果 $\bar{\boldsymbol{\varphi}}_i (i = 1, 2, \cdots, l)$ 和展开式 (4.6.4) 或 (4.6.6) 中的系数已经求得，那末进一步求系数 $\bar{\boldsymbol{A}}_0, \bar{\boldsymbol{A}}_1, \cdots$ 并不需要增加很多的工作量. 公式 (4.6.31) 既然适用于较大的范围，$0 \leqslant \lambda \leqslant \bar{\lambda}_{l+1}$，当然也适用于较小的范围，$0 \leqslant \lambda \leqslant \bar{\lambda}_p$. 在这较小的范围内，可将 (4.6.31) 再展开成 λ 的广义幂级数. 这样得到

$$\begin{aligned}
\bar{\boldsymbol{R}}(\lambda) = & -\frac{\bar{\boldsymbol{\varphi}}_0 \bar{\boldsymbol{\varphi}}_0^T}{\lambda} + \sum_{i=k+1}^{l} \frac{\bar{\boldsymbol{\varphi}}_i \bar{\boldsymbol{\varphi}}_i^T}{\bar{\lambda}_i} \left\{ 1 + \frac{\lambda}{\bar{\lambda}_i} + \left(\frac{\lambda}{\bar{\lambda}_i} \right)^2 + \cdots \right\} \\
& + \bar{\boldsymbol{A}}_0 + \lambda \bar{\boldsymbol{A}}_1 + \lambda^2 \bar{\boldsymbol{A}}_0 + \cdots, \\
= & -\frac{\bar{\boldsymbol{\varphi}}_0 \bar{\boldsymbol{\varphi}}_0^T}{\lambda} + \left(\bar{\boldsymbol{A}}_0 + \sum_{i=k+1}^{l} \frac{\bar{\boldsymbol{\varphi}}_i \bar{\boldsymbol{\varphi}}_i^T}{\bar{\lambda}_i} \right) \\
& + \lambda \left(\bar{\boldsymbol{A}}_1 + \sum_{i=k+1}^{l} \frac{\bar{\boldsymbol{\varphi}}_i \bar{\boldsymbol{\varphi}}_i^T}{\bar{\lambda}_i^2} \right) \\
& + \lambda^2 \left(\bar{\boldsymbol{A}}_2 + \sum_{i=k+1}^{l} \frac{\bar{\boldsymbol{\varphi}}_i \bar{\boldsymbol{\varphi}}_i^T}{\bar{\lambda}_i^3} \right) + \cdots.
\end{aligned} \tag{4.6.33}$$

对比 (4.6.4)，(4.6.33) 两式最后得到

---

1) 再说一下，$\bar{\lambda}_p$ 是指最小的非零本征值.

$$\bar{A}_m = \bar{R}_m - \sum_{i=k+1}^{l} \frac{\bar{\varphi}_i \bar{\varphi}_i^T}{\bar{\lambda}_i^{m+1}}. \tag{4.6.34}$$

§ 4.7 双协调动态子结构法

前几节介绍的几种近似的动态子结构法，在子结构的界面上，有的只保证位移连续，有的只保证内力协调，有的甚至两者都不保证. Hurty[36] 曾对杆件系统这样一类特殊结构，提出了一种能保证位移和内力两者都协调的动态子结构法. 后来王文亮、杜作润、陈康元[9] 把这种方法推广到一般的多自由度系统的情况，建立了比较完善的双协调动态子结构法. 双协调动态子结构法与静力有限单元法中的双协调单元1) 类同. 静力问题中的双协调单元在不少情况下精度较高，曾被称为"高精度单元". 在动力问题中双协调动态子结构法也具有类似的优点.

王文亮等同志原来是在自由子结构法的基础上来实现双协调的. 其实他们的做法更适宜于归入界面位移法一类.

双协调子结构法也是一种里兹法，因此关键问题仍然是对原结构的位移作出适当的简化假设. 可分两大步来满足双协调要求. 第一大步是先满足位移连续条件，然后在第二大步中再引进必要的新假设以满足内力协调条件.

在第一大步中，仿照约束子结构法，首先调整原来给定的坐标编号顺序，使得

$$\boldsymbol{x} = [\boldsymbol{x}_I^T, \boldsymbol{x}_B^T]^T, \quad \boldsymbol{x}_I = [\boldsymbol{x}_1^T, \boldsymbol{x}_2^T, \cdots]^T, \tag{4.7.1}$$

其中 $\boldsymbol{x}_s (s = 1, 2, \cdots)$ 是第 s 个子结构的专用坐标，$\boldsymbol{x}_B$ 是子结构间的界面坐标. 现在要设法对 $\boldsymbol{x}$ 作出下列形式的假设

$$\boldsymbol{x} = \begin{bmatrix} \boldsymbol{x}_I \\ \boldsymbol{x}_B \end{bmatrix} = \begin{bmatrix} \bar{\boldsymbol{\varphi}}_c, & \boldsymbol{\phi}_I \\ \boldsymbol{0}, & \boldsymbol{\phi}_B \end{bmatrix} \begin{bmatrix} \bar{\boldsymbol{\xi}} \\ \boldsymbol{\zeta} \end{bmatrix}, \tag{4.7.2}$$

1) 在我的书《弹性力学变分原理及其应用》(科学出版社，1981 年)中，把双协调单元称为过分协调单元. 这是因为单元间实际满足的协调条件超过了变分原理所要求的.

式中 $\bar{\boldsymbol{\varphi}}_c$ 以及

$$\boldsymbol{\psi}=[\boldsymbol{\psi}^T,\boldsymbol{\psi}_B^T]^T \tag{4.7.3}$$

是选定的矩阵，而 $\boldsymbol{\xi}$ 和 $\boldsymbol{\zeta}$ 是待定的列阵. $\boldsymbol{\xi}$ 的大小不影响 $\boldsymbol{x}_B$，所以由 $\bar{\boldsymbol{\varphi}}_c$ 规定的自由度实际上是约束修改后结构的假设模态. 由 $\boldsymbol{\psi}$ 规定的自由度是假设的复原自由度.

在约束子结构法中如何选择 $\bar{\boldsymbol{\varphi}}_c$ 和 $\boldsymbol{\psi}$ 在 §4.4 已讨论过，这里不再赘述. 在自由子结构法中，对 $\boldsymbol{\psi}$ 可作同上的选择. 新引起的一个问题是如何利用自由子结构的振型来形成约束子结构的假设模态. 解决这个问题的办法有很多，下面建议一种比较简便的办法. 命第 s 个自由子结构的振型为

$$\boldsymbol{\varphi}_{s1},\boldsymbol{\varphi}_{s2},\cdots,\boldsymbol{\varphi}_{si},\cdots.$$

命此子结构除涉及它专用的坐标 $\boldsymbol{x}_s$ 外，还涉及 $\overline{bs}$ 个[1]界面坐标. 取 $(1+\overline{bs})$ 个相继振型的线性组合

$$\begin{aligned}\bar{\boldsymbol{\varphi}}_{si}=\boldsymbol{\varphi}_{si}&+\alpha_{si}^{(1)}\boldsymbol{\varphi}_{s(i+1)}+\alpha_{si}^{(2)}\boldsymbol{\varphi}_{s(i+2)}+\cdots\\&\cdots+\alpha_{si}^{(\overline{bs})}\boldsymbol{\varphi}_{s(i+\overline{bs})},\end{aligned} \tag{4.7.4}$$

适当地选取此式中的 $\overline{bs}$ 个系数 α，就能够使 $\bar{\boldsymbol{\varphi}}_{si}$ 中与界面坐标对应的 $\overline{bs}$ 个元等于零[2]. 这样在 $\bar{\boldsymbol{\varphi}}_{si}$ 中再增补适当的零元后，便可作为约束修改后结构的假设模态，即可作为 $\bar{\boldsymbol{\varphi}}_C$ 中的一列.

还剩下的一个问题是对于每个子结构各取几个假设模态 (4.7.4). 这也只能根据子结构的固有频率来决定. 假设模态并不是那种子结构的振型，因而严格说来，并无什么固有频率与它对应. 但是为了确定假设模态的个数，我们不妨认为 $\bar{\boldsymbol{\varphi}}_{si}$ 与自由子构结的本征值 λ_{si} 相对应. 这样我们便可以根据

$$\lambda_{si}\leqslant \text{预定值} \tag{4.7.5}$$

来确定每个子结构各取几个假设模态.

---

1) 这里 $\overline{bs}$ 系指一个数，不是指 $\bar{b}$ 与 $\bar{s}$ 的乘积.

2) 这样选定的假设模态具有半正交性，即当

$$|i-j|>1+\overline{bs}$$

时有正交关系

$$\bar{\boldsymbol{\varphi}}_{si}^T\boldsymbol{K}_s\bar{\boldsymbol{\varphi}}_{sj}=0,\quad \bar{\boldsymbol{\varphi}}_{si}^T\boldsymbol{M}_s\bar{\boldsymbol{\varphi}}_{sj}=0.$$

到这里我们已对第一大步中的几个难点作了说明. 建立了假设模态 (4.7.4) 后，实际上已可按照 § 4.4 的约束子结构法对原结构作分析了.下面接下去讨论如何在假设 (4.7.4) 的基础上再引进新的假设，以便在子结构的界面上满足内力协调条件. 将 (4.7.2) 代入原结构的运动方程 (4.4.3) 的左端，得到

$$\left\{\begin{bmatrix}\boldsymbol{K}_{II}, & \boldsymbol{K}_{IB}\\ \boldsymbol{K}_{IB}^T, & \boldsymbol{K}_{BB}\end{bmatrix}-\lambda\begin{bmatrix}\boldsymbol{M}_{II}, & \boldsymbol{M}_{IB}\\ \boldsymbol{M}_{IB}^T, & \boldsymbol{M}_{BB}\end{bmatrix}\right\}\begin{bmatrix}\overline{\boldsymbol{\varphi}}_c, & \boldsymbol{\phi}_I\\ 0, & \boldsymbol{\phi}_B\end{bmatrix}\begin{bmatrix}\bar{\boldsymbol{\xi}}\\ \boldsymbol{\zeta}\end{bmatrix}$$

$$=\begin{bmatrix}\boldsymbol{f}_I\\ \boldsymbol{f}_B\end{bmatrix}=\boldsymbol{f}. \tag{4.7.6}$$

此式中的 $\boldsymbol{f}$ 可以看作是与近似解 (4.7.2) 对应的载荷残差. 其中 $\boldsymbol{f}_I$ 是与 $\boldsymbol{x}_I$ 对应的在子结构内的载荷残差，$\boldsymbol{f}_B$ 是与 $\boldsymbol{x}_B$ 对应的在界面上的载荷残差. 界面上内力协调，就是在界面上没有载荷残差. 再利用虚功原理，界面上内力协调的条件可表达为

$$\begin{aligned}\delta\boldsymbol{x}_B^T\boldsymbol{f}_B=\delta\boldsymbol{\zeta}^T\boldsymbol{\phi}_B^T\{&(\boldsymbol{K}_{IB}-\lambda\boldsymbol{M}_{IB})^T\overline{\boldsymbol{\varphi}}_c\bar{\boldsymbol{\xi}}\\&+[(\boldsymbol{K}_{IB}-\lambda\boldsymbol{M}_{IB})^T\boldsymbol{\phi}_I+(\boldsymbol{K}_{BB}-\lambda\boldsymbol{\phi}_{BB})\\&\cdot\boldsymbol{\phi}_B]\boldsymbol{\zeta}\}=0,\end{aligned}$$

即

$$\begin{aligned}\boldsymbol{\phi}_B^T\{(\boldsymbol{K}_{IB}-\lambda\boldsymbol{M}_{IB})^T\overline{\boldsymbol{\varphi}}_c\bar{\boldsymbol{\xi}}+[(\boldsymbol{K}_{IB}-\lambda\boldsymbol{M}_{IB})^T\boldsymbol{\phi}_I\\+(\boldsymbol{K}_{BB}-\lambda\boldsymbol{M}_{BB})\boldsymbol{\phi}_B]\boldsymbol{\zeta}\}=\boldsymbol{0}.\end{aligned} \tag{4.7.7}$$

如果当初我们只对 $\boldsymbol{x}_I$ 和 $\boldsymbol{x}_B$ 分别进行假设，即在公式 (4.7.2) 中取

$$\boldsymbol{\phi}_I=\boldsymbol{0}, \tag{4.7.8}$$

那末界面内力协调条件 (4.7.7) 简化为

$$\boldsymbol{\phi}_B^T(\boldsymbol{K}_{IB}-\lambda\boldsymbol{M}_{IB})^T\overline{\boldsymbol{\varphi}}_c\bar{\boldsymbol{\xi}}+\boldsymbol{\phi}_B^T(\boldsymbol{K}_{BB}-\lambda\boldsymbol{M}_{BB})\boldsymbol{\phi}_B\boldsymbol{\zeta}=\boldsymbol{0}. \tag{4.7.9}$$

这个条件还可更简洁地表达为

$$\frac{\partial\Pi}{\partial\boldsymbol{\zeta}}-\lambda\frac{\partial T}{\partial\boldsymbol{\zeta}}=\boldsymbol{0}. \tag{4.7.10}$$

其中Π和T是原结构的应变能和动能系数

$$\Pi=\frac{1}{2}\boldsymbol{x}^T\boldsymbol{K}\boldsymbol{x}=\frac{1}{2}(\overline{\boldsymbol{\varphi}}_C\bar{\boldsymbol{\xi}})^T\boldsymbol{K}_{II}(\overline{\boldsymbol{\varphi}}_C\bar{\boldsymbol{\xi}})$$

$$+(\boldsymbol{\phi}_B\boldsymbol{\zeta})^T\boldsymbol{K}_{IB}^T(\bar{\boldsymbol{\varphi}}_C\boldsymbol{\xi})+\frac{1}{2}(\boldsymbol{\phi}_B\boldsymbol{\zeta})^T\boldsymbol{K}_{BB}(\boldsymbol{\phi}_B\boldsymbol{\zeta}), \quad (4.7.11\text{a})$$

$$T=\frac{1}{2}\boldsymbol{x}^T\boldsymbol{M}\boldsymbol{x}=\frac{1}{2}(\bar{\boldsymbol{\varphi}}_C\boldsymbol{\xi})^T\boldsymbol{M}_{II}(\bar{\boldsymbol{\varphi}}_C\boldsymbol{\xi})$$

$$+(\boldsymbol{\phi}_B\boldsymbol{\zeta})^T\boldsymbol{M}_{IB}^T(\bar{\boldsymbol{\varphi}}_C\boldsymbol{\xi})+\frac{1}{2}(\boldsymbol{\phi}_B\boldsymbol{\zeta})^T\boldsymbol{M}_{BB}(\boldsymbol{\phi}_B\boldsymbol{\zeta}). \quad (4.7.11\text{b})$$

根据界面内力协调条件(4.7.7)或(4.7.9)可以消去$\boldsymbol{\xi}$和$\boldsymbol{\zeta}$中的一些适当的元，一般是消去$\boldsymbol{\zeta}$中的元，达到进一步减少自由度而不过份损失精度的目的.

参 考 文 献

[1] 胡海昌，很多自由度体系的固有振动问题(约束模态综合法)，航空学报，1980年，第2期，第28页.

[2]* 胡仲根、恽伟君和段根宝，动态子结构法中的非线性特征值计算，船舶工程，1981年，第1期.

[3]* 刘瑞岩，结构振动中模态综合技术，国防科技大学工学学报，1979年，第2期，第69页.

[4] 钱令希和胡海昌，空腹桁架应力分析的精简，工程建设，1950年，第5期，第35页.

[4a] Tsien Linghi and Hu Haichang, On the Stress Analysis of Open Web Trusses, *Acta Scientia Sinica*, v. 1, n. 1, p. 119, 1952.

[5] 孙良新，用子结构的缩聚阻抗分析结构的固有特性，南京航空学院学报，1980年，第2期.

[6]* 王文亮，结构振动与动态子结构法(上册)，复旦大学数学系固体力学教研室，1981年.

[7] 王文亮，Hurty-Craig 约束模态综合法的动力原理和它的一种变体，复旦大学学报(自科学版)，1982年，第21卷，第2期，第121页.

[8]* 王文亮和杜作润，约束模态综合法述评及其逻辑进展，中国造船工程学会第三届船舶振动与噪声学术交流会论文集，第68页，1983年.

[9] 王文亮、杜作润和陈康元，模态综合技术述评和一种新的改进，航空学报，1979年，第3期.

[10] 叶碧泉，大型结构频率方程的分块直接解法，武汉大学学报(自然科学版)，1981年，第3期，第6页。

[11] Yun Weijun (恽伟君), Duan Genbao (段根宝) and Hu Zhonggen(胡仲根), Superelement Method of Modal Synthesis and Its Application to Dynamic Calculation to Ship Structures, *Annual of the Chinese Society of Naval Architecture and Marine Engineering*, v. 1, 1982.

[12]* 恽伟君、朱农时和李林，改进的固定界面模态综合及其多重子结构计算原理，机械强度，1983年，第1期，第1页.

[13] 郑兆昌,复杂结构振动研究的模态综合技术，振动与冲击，1982 年，第 1 卷,第 1 期,第 28 页.
[14] 朱德懋,结构动力分析的模态综合法,南京航空学院学报，1978 年,第 4 期.
[15] 朱德懋,结构动力分析中改进的子结构分析法,南京航空学院学报，1979 年，第 5 期.
[15a] Zhu Demao, Improved Substructure Method for Structural Dynamic Analysis, *AIAA/ASME/ASCE/AHS 22nd Structures, Structural Dynamics and Materials Conference,* pt. 2, p. 254, 1981.
[16] Anderson, R. G., Irons, B. M. and Zienkiewicz, O. C., Vibration and Stability of Plates Using Finite Elements, *International Journal of Solids and Structures,* v. 4, n. 4, p. 1031, 1968.
[17] Bathe, K.-J. and Wilson, E. L., Numerical Methods in Finite Element Analysis, Prentice-Hall, 1976. （有中译本,巴特和威尔逊著,林公豫和罗恩译，有限元分析中的数值方法,科学出版社,1985年）
[18] Benfield, W. A. and Hruda, R. F., Vibration Analysis of Structures by Component Mode Substitution, *AIAA Journal,* v. 9, n. 7 p. 1255, 1971.
[19] Berman, A., Vibration Analysis of Structural Systems Using Virtual Substructures, *Shock and Vibration Bulletin,* v. 43 pt. 2, p. 13, 1973.
[20] Bishop, R. E. D., The Analysis and Synthesis of Vibrating Systems, *Journal of the Royal Aeronautical Society,* v. 58, n. 526, p. 703, 1954.
[21]* Craig, R. R., Jr., Methods of Component Mode Synthesis, *Shock and Vibration Digest,* v. 9, n. 11, p. 3, 1977.
[22] Craig, R. R., Jr. and Bampton, M. C. C., Coupling of Structures for Dynamic Analysis, *TIAA Journal,* v. 6, n. 7, p. 1313, 1968.
[23] Craig, R. R., Jr. and Chang, C.-J., Free-Interface Methods of Substructure Coupling for Dynamic Analysis, *AIAA Journal,* v. 14. n. 11, p. 1633, 1976.
[24] Craig, R. R., Jr. and Chang, C.-J., On the Use of Attachment Modes in Substructure Coupling for Dynamic Analysis, *AIAA ASME 18th Structures, Structural Dynamics and Materials Conference,* v. 2, p. 89, 1977.
[25] Craig, R. R., Jr. and Chang, C-J., Substructure Coupling for Dynamic Analysis and Testing, *NASA CR*-2781, N77-17521, 1977.
[26] Dowell, E. H., Free Vibration of an Arbitrary Structure in Terms of Component Modes, *Journal of Applied Mechanics,* v. 39, n. 3, p. 727, 1972.
[27] Downs, B., Accurate Reduction of Stiffness and Mass Matrices for Vibration Analysis and a Rationale for Selecting Master Degrees of Freedom, *Journal of Mechanical Design,* v. 102, n. 2, p. 412, 1980.
[28] Gladwell, G. M. L., Branch Mode Analysis of Vibrating Systems, *Journal of Sound and Vibration,* v. 1, n. 1, p. 41, 1964.
[29] Goldman, R. L., Vibration Analysis by Dynamic Partitioning, *AIAA Journal,* v. 7, n. 6, p. 1152, 1969.
[30]* Greif, R. and Wu, L., Substructure Analysis of Vibrating Systems, *Shock and Vibration Digest,* v. 15, n. 1, p. 17, 1983.
[31] Gupta, K. K., On a Finite Dynamic Element Method for Free Vibration Analysis of Structures, *Computer Methods in Applied Mechanics and Engineering,*

v. 9, n. 1, p. 105, 1976.

[32] Guyan, R. J., Reduction of Stiffness and Mass Matrices, *AIAA Journal*, v. 3, n. 2, p. 380, 1965.

[33] Hale, A. L. and Meirovitch, L., A General Substructure Synthesis Method for the Dynamic Simulation of Complex Structures, *Journal of Sound and Vibration*, v. 69, n. 2, p. 309, 1980.

[34] Hirai, I., Yoshimura, T. and Takamura, K., On a Direct Eigenvalue Analysis for Locally Modified Structures, *International Journal for Numerical Methods in Engineering*, v. 6, n. 3, p. 441, 1973.

[35] Hou, S.-n., Review of Model Synthesis Techniques and a New Approach, *Shock and Vibration Bulletin*, v .40, n. 4, p. 25, 1969.

[36] Hurty, W. C., Vibration of Structural Systems by Component Mode Synthesis, *Journal of Engineering Mechanics Division*, Proc. ASCE, v. 86, n. EM4, p. 51, 1960.

[37] Hurty, W. C., Dynamic Analysis of Structural Systems Using Component Modes, *AIAA Journal*, v. 3, n. 4, p. 678, 1965.

[38]* Hurty, W. C., Collins, J. D. and Hart, C. C., Dynamic Analysis of Large Structures by Modal Synthesis Techniques, *Computers and Structures*, v. 1, n. 4, p. 535, 1971.

[39] Irons, B. M., Structural Eigenvalue Problems—Elimination of Unwanted Variables, *AIAA Journal*. v. 3, n. 5, p. 961, 1965.

[40] Johson, C. P., Craig, R. R., Jr., Yargicoglu, A. and Rajatabhothi, R., Quadratic Reduction for the Eigenproblem, *International Journal for Numerical Methods in Engineering*, v. 15, n. 6, p. 911, 1980.

[41] V. Karman, Th., The Use of Orthogonal Functions in Structural Problem, *The S. Timoshenko 60th Anniversary Volume*, p. 114, 1939.

[42] v. Karman, Th. and Biot, M. A., Mathematical Methods in Engineering, McGraw-Hill, 1940. (有中译本，卡曼和比奥著，高庆琳译，工程中的数学方法，科学出版社，1959年.)

[43] Kaufman, S. and Hall, D. B., Reduction of Mass and Loading Marices, *AIAA Journal*., v. 6, n. 3, p. 550, 1968.

[44] Kidder, R. L., Reduction of Structural Frequency Equations, *AIAA Journal*, v. 11, n. 6, p. 892, 1973.

[45] Leung, A. Y.-T., An Accurate Method of Dynamic Condensation in Structural Analysis, *International Journal for Numerical Methods in Engineering*, v. 12, n. 11, p. 1705, 1978.

[46] Leung, Y. T., Accelerated Convergence of Dynamic Flexibility in Series Form, *Engineering Structures*, v. 1, n. 4, p. 203, 1979.

[47] Leung, Y.-T., An Accurate Method of Dynamic Substructuring with Simplified Computation, *International Journal for Numerical Method in Engineering*, v. 14, n. 8, p. 1214, 1979.

[48] MacNeal, R. L., A Hybrid Method of Component Mode Sythesis. *Computers and Structures*, v. 1, n. 4, p. 581, 1971.

[49] Meirovitch, L. and Hale, A. L., On the Substructure Synthesis Method, *AIAA*

Journal, v. 19, n. 7, p. 940, 1981.

[50] Miller, C. A., Dynamic Reduction of Structural Models, *Journal of Strctural Division*, Proc. ASCE, v. 106, n. ST10, p. 2097, 1980.

[51] Nagamatzu, A. and Ookuma, M., Analysis of Vibration by Component Mode Synthesis Method (pt. I(I)), *Bulletin of the JSME*, v. 24, n. 194, p. 1448, 1981.

[52]* Nelson, F. C., A Review of Substructure Analysis of Vibrating Systems, *Shock and Vibration Digest*, v. 11, n. 11, p. 3, 1979.

[53] Palazzolo, A. B., Wang, Bo Ping and Pilkey, W. D., A Receptance Formula for General Second Degree Square Lamda Matrices, *International Journal for Numerical Methods in Engineering*, v. 18, n. 6, p. 829, 1982.

[54] Przemieniecki, J. S., Theory of Matrix Structural Analysis, McGraw-Hill, 1968.（有中译本，普齐米尼斯基著，王德荣等译，矩阵结构分析理论，国防工业出版社，1974年.）

[55] Richards, T. H. and Leung, Y. T., An Accurate Method in Structural Vibration Analysis, *Journal of Sound and Vibration*, v. 55, n. 3, p. 363, 1977.

[56] Rubin, S., Improvement of Component-mode Representation for Structural Dynamic Analysis, *AIAA Journal*, v. 13, n. 8, p. 995, 1975.

[57] Serbin, H., Vibration of Composite Structures, *Journal of Aeronautical Science*, v. 12, n. 1, p. 108, 1945.

[58] Sofrin, T. G., The Combination of Dynamical Systems, *Journal of Aeronautical Science*, v. 13, n. 6, p. 281, 1946.

[59] Sowers, J. D., Condensation of Free Body Mass Matrices Using Flexibility Coefficients, *AIAA Journal*, v. 16, n. 3, p. 272, 1978.

[60] Szu, C., Vibration Analysis of Structures Using Fixed-interface Component Mode, *Shock and Vibration Bulletin*, v. 46, pt. 5, p. 239, 1976.

[61] Weinstein, A. and Strenger, W., Method of Intermediate Problems for Eigenvalues, Theory and Ramifications. Academic Press, 1972.

[62] Wilkinson, J. H., The Algebraic Eigenvalue Problem, 1965.

第五章　链式结构和迴转对称结构

§5.1　链 式 结 构

工程上经常遇到链式结构，其特点是整个结构可以看作是由若干个子结构按相同的方式两两对接而成[1]．所谓两两对接，是指对接面上的所有各点，都只是两个子结构的公共点．连续梁是链式结构中最典型的一个例子．其它如连续桁架、多盘转轴等等也是链式结构．还有一些结构，本来不属于链式结构，但在分析中也

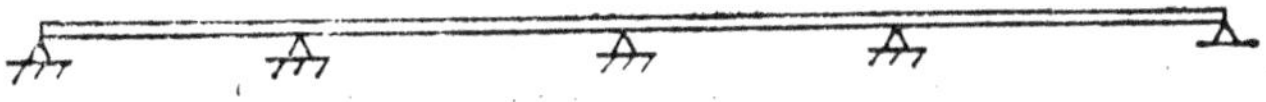

(a) 连续梁

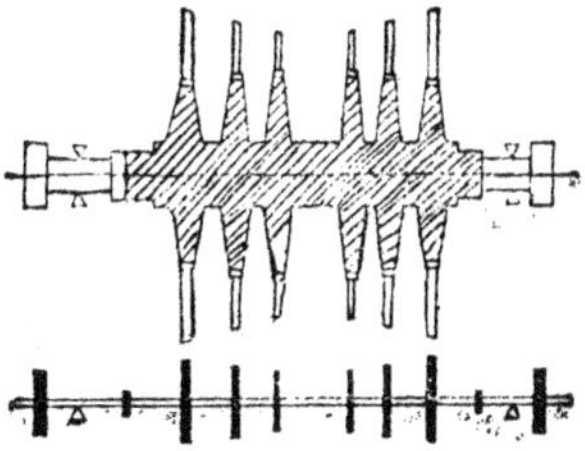

(b) 链式结构的例子

图 5.1.1

可以把它们看作是链式结构．图 5.1.2 画出了几个这种例子．单跨梁一般不看作链式结构．但如果用有限单元法作分析，那末它便是由有限单元组成的链式结构．类似地，如果用有限条法分析矩形板，那末它便是由有限条组成的链式结构，至于圆柱壳，它既可看作是由有限条组成的链式结构，也可看作是由有限环组成的

1) 这是一种狭义的理解．广义来说，只要子结构都是两两对接的，就算是链式结构，不必要求对接方式相同．

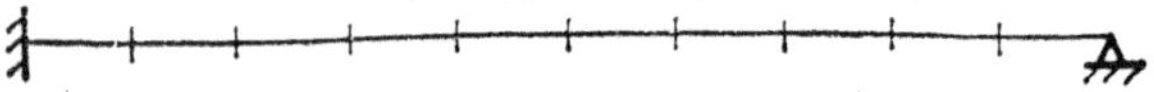

（a）用有限单元法解单跨梁

（b）用有限条法解矩形板

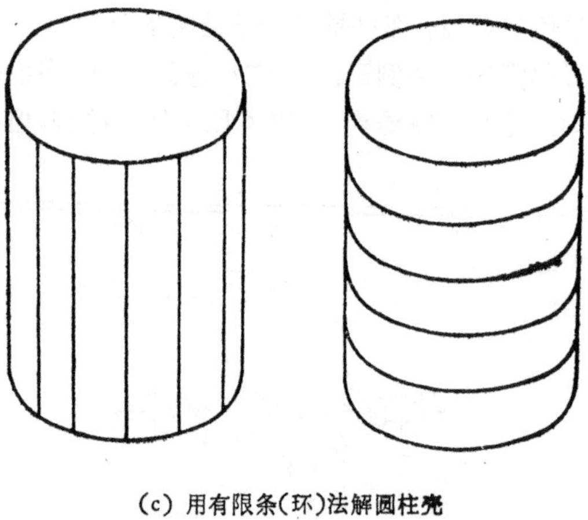

（c）用有限条（环）法解圆柱壳

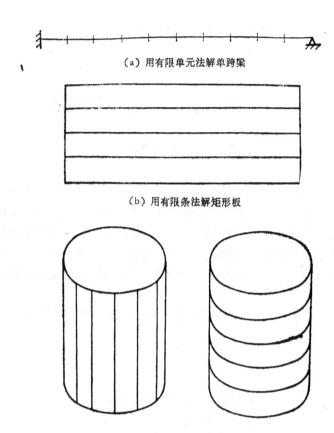

图 5.1.2 分析中的链式结构例子

链式结构．刚架和轴盘的振动分析已有专门著作（例如见 [3] 和 [8]）．本节讨论一般的链式结构的分析方法．这些方法一方面是连续梁方法的推广，另一方面又是子结构法的特例．本节介绍的方法并不要求各个子结构的内部有相同的构造，而只要求它们之间有相同的对接方式．所谓对接方式相同是指对接自由度的性质和个数相同．例如图 5.1.3 所示的结构，第二跨的构造与另两跨不同，但是对接方式是相同的，因此它也算是一个链式结构．

图 5.1.4 和图 5.1.5 画出了由 N 个子结构组成的开口和闭口的

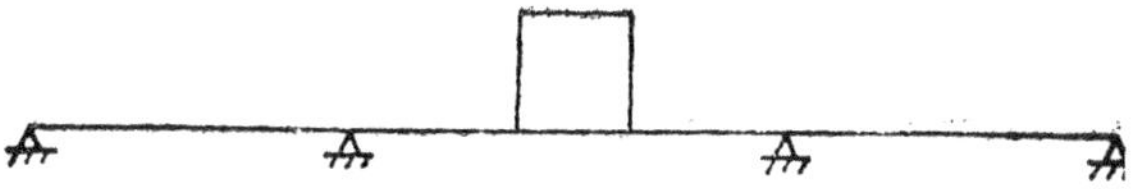

图 5.1.3

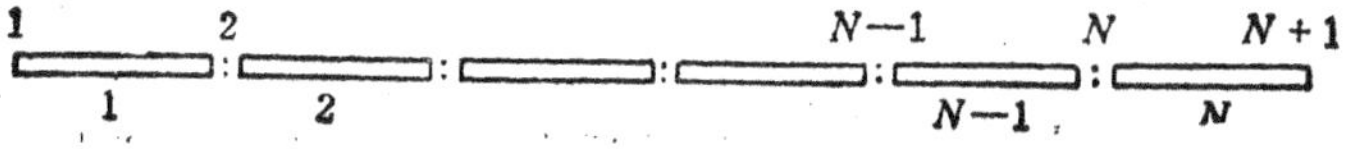

图 5.1.4

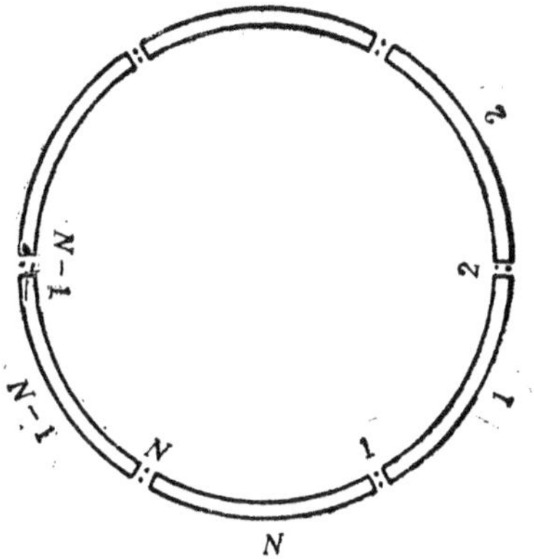

图 5.1.5

链式结构的示意图．子结构的对接面都从 1 开始编号．第 i 个子结构的两个对接面的编号为 j 和 $(j+1)$．对于闭口的链式结构，编号 $(j-N)$, j, $(j+N)$ 代表同一个子结构或同一个对接面．对于开口的链式结构，子结构的编号 j 和对接面的编号 k 应分别满足不等式

$$1 \leqslant j \leqslant N,\ 1 \leqslant k \leqslant N+1. \tag{5.1.1}$$

后面为了公式的整齐划一起见，有时用到了超出上列范围的编号．超出上述编号范围的各有关量的含义临时再作说明．

图 5.1.6 画出了第 j 个子结构的示意图．两个对接面上的对接自由度的坐标分别记为 $\boldsymbol{x}_j$ 和 $\boldsymbol{x}_{j+1}$．此子结构的专用坐标记为 $\boldsymbol{y}_j$．$\boldsymbol{y}_j$ 可以是直接从离散化了的子结构得来的专用坐标，也可以是用约束子结构法选出来的模态坐标．对于较复杂的子结构，先

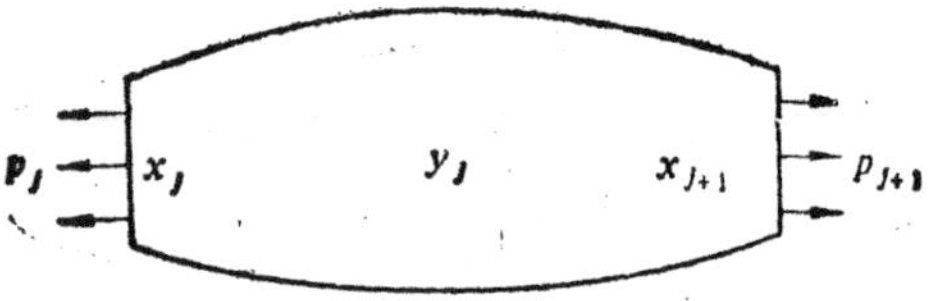

图 5.1.6

用约束子结构法减少它的专用自由度是必要的. 第 i 个子结构的全体坐标为

$$[\boldsymbol{x}_j^T, \boldsymbol{y}_j^T, \boldsymbol{x}_{j+1}^T]^T.$$

再命对接面上的内力(不是外载荷)为 $\boldsymbol{p}_j$ 和 $\boldsymbol{p}_{j+1}$.

现在先来讨论子结构的特性. 第 i 个子结构的应变能 Π_j 和动能系数 T_j 是坐标列阵 $\boldsymbol{x}_j$, $\boldsymbol{y}_j$, $\boldsymbol{x}_{j+1}$ 的二次齐次函数:

$$\Pi_j = \frac{1}{2}\begin{bmatrix}\boldsymbol{x}_j\\ \boldsymbol{y}_j\\ \boldsymbol{x}_{j+1}\end{bmatrix}^T \begin{bmatrix}\boldsymbol{K}_{11}^j, & \boldsymbol{K}_{12}^j, & \boldsymbol{K}_{13}^j\\ \boldsymbol{K}_{21}^j, & \boldsymbol{K}_{22}^j, & \boldsymbol{K}_{23}^j\\ \boldsymbol{K}_{31}^j, & \boldsymbol{K}_{32}^j, & \boldsymbol{K}_{33}^j\end{bmatrix}\begin{bmatrix}\boldsymbol{x}_j\\ \boldsymbol{y}_j\\ \boldsymbol{x}_{j+1}\end{bmatrix}, \tag{5.1.2a}$$

$$T_j = \frac{1}{2}\begin{bmatrix}\boldsymbol{x}_j\\ \boldsymbol{y}_j\\ \boldsymbol{x}_{j+1}\end{bmatrix}^T \begin{bmatrix}\boldsymbol{M}_{11}^j, & \boldsymbol{M}_{12}^j, & \boldsymbol{M}_{13}^j\\ \boldsymbol{M}_{21}^j, & \boldsymbol{M}_{22}^j, & \boldsymbol{M}_{23}^j\\ \boldsymbol{M}_{31}^j, & \boldsymbol{M}_{32}^j, & \boldsymbol{M}_{33}^j\end{bmatrix}\begin{bmatrix}\boldsymbol{x}_j\\ \boldsymbol{y}_j\\ \boldsymbol{x}_{j+1}\end{bmatrix}. \tag{5.1.2b}$$

整个链式结构的应变能 Π 和动能系数 T 是

$$\Pi = \sum_{j=1}^{N} \Pi_j, \quad T = \sum_{j=1}^{N} T_j. \tag{5.1.3}$$

根据固有频率的变分原理, $\boldsymbol{y}_j$ 应满足方程

$$\frac{\partial \Pi}{\partial \boldsymbol{y}_j} - \lambda \frac{\partial T}{\partial \boldsymbol{y}_j} = \boldsymbol{0}. \tag{5.1.4}$$

由于在 Π 和 T 中只有 Π_j 和 T_j 与 $\boldsymbol{y}_j$ 有关,所以上式可简化为

$$\frac{\partial \Pi_j}{\partial \boldsymbol{y}_j} - \lambda \frac{\partial T_j}{\partial \boldsymbol{y}_j} = \boldsymbol{0}. \tag{5.1.5}$$

将公式 (5.1.2) 代入这个方程,得到

$$(\boldsymbol{K}_{21}^j - \lambda \boldsymbol{M}_{21}^j)\boldsymbol{x}_j + (\boldsymbol{K}_{22}^j - \lambda \boldsymbol{M}_{22}^j)\boldsymbol{y}_j + (\boldsymbol{K}_{23}^j - \lambda \boldsymbol{M}_{23}^j)\boldsymbol{x}_{j+1} = \boldsymbol{0}. \tag{5.1.6}$$

由此可解出 $\boldsymbol{y}_j$:

$$\boldsymbol{y}_j = \boldsymbol{A}_j\boldsymbol{x}_j + \boldsymbol{B}_j\boldsymbol{x}_{j+1}, \tag{5.1.7}$$

其中

$$\begin{aligned} \boldsymbol{A}_j &= -(\boldsymbol{K}^j_{22} - \lambda\boldsymbol{M}^j_{22})^{-1}(\boldsymbol{K}^j_{21} - \lambda\boldsymbol{M}^j_{21}), \\ \boldsymbol{B}_j &= -(\boldsymbol{K}^j_{22} - \lambda\boldsymbol{M}^j_{22})^{-1}(\boldsymbol{K}^j_{23} - \lambda\boldsymbol{M}^j_{23}). \end{aligned} \tag{5.1.8}$$

公式 (5.1.7) 相当于梁理论中已知梁两端的挠度和转角求梁中间各点的挠度的公式.

对接面上的内力可通过子结构的应变能和动能系数用对接坐标表示如下:

$$\begin{aligned} \boldsymbol{p}_j &= -\left(\frac{\partial \Pi_j}{\partial \boldsymbol{x}_j} - \lambda\frac{\partial T_j}{\partial \boldsymbol{x}_j}\right) = -\boldsymbol{F}_j\boldsymbol{x}_j - \boldsymbol{G}_j\boldsymbol{x}_{j+1}, \\ \boldsymbol{p}_{j+1} &= \frac{\partial \Pi_j}{\partial \boldsymbol{x}_{j+1}} - \lambda\frac{\partial T_j}{\partial \boldsymbol{x}_{j+1}} = \boldsymbol{G}_j^T\boldsymbol{x}_j + \boldsymbol{H}_j\boldsymbol{x}_{j+1}, \end{aligned} \tag{5.1.9}$$

其中

$$\begin{aligned} \boldsymbol{F}_j &= \boldsymbol{K}^j_{11} - \lambda\boldsymbol{M}^j_{11} + (\boldsymbol{K}^j_{12} - \lambda\boldsymbol{M}^j_{12})\boldsymbol{A}_j, \\ \boldsymbol{G}_j &= \boldsymbol{K}^j_{13} - \lambda\boldsymbol{M}^j_{13} + (\boldsymbol{K}^j_{12} - \lambda\boldsymbol{M}^j_{12})\boldsymbol{B}_j, \\ \boldsymbol{H}_j &= \boldsymbol{K}^j_{33} - \lambda\boldsymbol{M}^j_{33} + (\boldsymbol{K}^j_{32} - \lambda\boldsymbol{M}^j_{32})\boldsymbol{B}_j. \end{aligned} \tag{5.1.10}$$

这个公式相当于梁理论中已知两端的挠度和转角求两端的弯矩和剪力的公式. 在求 Π_j 和 T_j 对 $\boldsymbol{x}_j$ 或 $\boldsymbol{x}_{j+1}$ 的导数时,最好先将公式(5.1.7)代入 Π_j 和 T_j 的公式然后再求导数. 这样即使在求 $\boldsymbol{y}_j$ 时有一阶小量的误差,最后求得的固有频率却只有二阶小量的误差. 如果 $\boldsymbol{y}_j$ 计算得相当精确, 那末先求偏导数然后再把公式 (5.1.7) 代入也是可以的. 当 $\boldsymbol{y}_j$ 是精确解时,两种运算的结果相同.

还有一种描述子结构特性的方法是传递矩阵法, 在苏联和我国早期的文献中常叫做初参数法[1],[2]. 对接面上的位移 $\boldsymbol{x}_j$ 和内力 $\boldsymbol{p}_j$ 合在一起称为对接面的状态,记为

$$\boldsymbol{s}_j = [\boldsymbol{x}_j^T, \boldsymbol{p}_j^T]^T. \tag{5.1.11}$$

前面已经假定了各个对接面具有相同性质和相同个数的对接自由度,因此从公式 (5.1.9) 可以得到相邻两个状态 $\boldsymbol{s}_j$ 和 $\boldsymbol{s}_{j+1}$ 的联系

$$\boldsymbol{s}_{j+1} = \boldsymbol{T}^j_{j+1}\boldsymbol{s}_j, \tag{5.1.12}$$

其中

$$T_{j+1}^{j} = \begin{bmatrix} -G_j^{-1}F_j, & -G_j^{-1} \\ G_j^T - H_jG_j^{-1}F_j, & -H_jG_j^{-1} \end{bmatrix}, \tag{5.1.13}$$

T_{j+1}^{j} 称为从第 j 个对接面到第 $(j+1)$ 个对接面的传递矩阵，简称从 j 到 $(j+1)$ 的传递矩阵．在专著 [6] 的附录中有多种结构的传递矩阵的公式．

说明了子结构的特性之后，现在可以进而来建立整个链式结构的振动方程．推理上比较简单的一种办法是利用传递矩阵．根据公式 (5.1.2) 作一连串的矩阵乘法后可得到

$$s_{N+1} = T_{N+1}^{1}s_1, \tag{5.1.14}$$

其中

$$T_{N+1}^{1} = T_{N+1}^{N}T_{N}^{N-1}\cdots T_3^2T_2^1. \tag{5.1.15}$$

对于闭口的链式结构，

$$s_{N+1} = s_1, \tag{5.1.16}$$

因而从方程 (5.1.14) 立即得到齐次方程

$$(T_{N+1}^{1} - I)s_1 = 0. \tag{5.1.17}$$

式中的 I 是相应阶次的单位矩阵．方程 (5.1.17) 便是关于 s_1 的一个非线性本征值问题．

对于开口的链式结构，情况比闭口的稍复杂一些．第 1 个和第 $(N+1)$ 个界面实际上是整个结构的边界面，因此状态 s_1 和 s_{N+1} 要满足一定的边界条件．例如对于全固支的一端应有

$$x_1 = 0 \text{ 或 } x_{N+1} = 0. \tag{5.1.18a}$$

对于全自由的一端应有

$$p_1 = 0 \text{ 或 } p_{N+1} = 0. \tag{5.1.18b}$$

对于部份固支部份自由的边界，以及对于更加一般的弹性支承边界，边界条件都可以整理成下列矩阵形式：

$$p_1 = P_1x_1, \quad p_{N+1} = -P_{N+1}x_{N+1}. \tag{5.1.18c}$$

总之，不论对于哪种边界条件，边界状态列阵中都只有一半的元是独立的．这样方程 (5.1.14) 汇同边界条件 (5.1.18) 便是一组齐次方程，是一个非线性的本征值问题．

对于一些简单的子结构，传递矩阵能用公式表示出来．这时

用传递矩阵法建立的链式结构的振动方程有相当的实用价值. 对于一些较复杂的子结构,传递矩阵只能表示成数字形式,这时数值计算可能会遇到困难, 主要是在计算高阶的本征值时, λ 的值较大,传递矩阵常常是病态的,数值精度难于保证. 在专著 [6] 中讨论到这个困难,并提出了一些解决困难的办法.

对于较复杂的子结构,采用下述的矩阵三项方程更适宜一些. 第 j 个对接面上的内力 $\boldsymbol{p}_j$, 从第 $(j-1)$ 个子结构计算有

$$\boldsymbol{p}_j = \boldsymbol{G}_{j-1}^T \boldsymbol{x}_{j-1} + \boldsymbol{H}_{j-1} \boldsymbol{x}_j, \tag{5.1.19a}$$

从第 j 个子结构计算有

$$\boldsymbol{p}_j = -\boldsymbol{F}_j \boldsymbol{x}_j - \boldsymbol{G}_j \boldsymbol{x}_{j+1}. \tag{5.1.19b}$$

由此立即得到三项方程

$$\begin{gathered} \boldsymbol{G}_{j-1}^T \boldsymbol{x}_{j-1} + (\boldsymbol{H}_{j-1} + \boldsymbol{F}_j) \boldsymbol{x}_j + \boldsymbol{G}_j \boldsymbol{x}_{j+1} = \boldsymbol{0}, \\ j = 2, 3, \cdots N. \end{gathered} \tag{5.1.20}$$

这个方程相当于连续梁理论中的三转角方程.

在整个结构的边界面上要满足给定的边界条件. 在 $j=1$ 的边界面上,

$$\boldsymbol{p}_1 = -\boldsymbol{F}_1 \boldsymbol{x}_1 - \boldsymbol{G}_1 \boldsymbol{x}_2. \tag{5.1.21}$$

因此边界条件 (5.1.18 a—c) 相应地化为

$$\boldsymbol{x}_1 = \boldsymbol{0}, \tag{5.1.22a}$$

$$-\boldsymbol{F}_1 \boldsymbol{x}_1 - \boldsymbol{G}_1 \boldsymbol{x}_2 = \boldsymbol{0}, \tag{5.1.22b}$$

$$(\boldsymbol{P}_1 + \boldsymbol{F}_1) \boldsymbol{x}_1 + \boldsymbol{G}_1 \boldsymbol{x}_2 = \boldsymbol{0}. \tag{5.1.22c}$$

在 $j=N+1$ 的边界面上,

$$\boldsymbol{p}_{N+1} = \boldsymbol{G}_N^T \boldsymbol{x}_N + \boldsymbol{H}_N \boldsymbol{x}_{N+1}, \tag{5.1.23}$$

因而边界条件 (5.1.18a—c) 相应地简化为

$$\boldsymbol{x}_{N+1} = \boldsymbol{0}, \tag{5.1.24a}$$

$$\boldsymbol{G}_N^T \boldsymbol{x}_N + \boldsymbol{H}_N \boldsymbol{x}_{N+1} = \boldsymbol{0}, \tag{5.1.24b}$$

$$\boldsymbol{G}_N^T \boldsymbol{x}_N + (\boldsymbol{P}_{N+1} + \boldsymbol{H}_N) \boldsymbol{x}_{N+1} = \boldsymbol{0}. \tag{5.1.24c}$$

方程 (5.1.22c), (5.1.20), (5.1.24c) 合在一起, 是一组齐次方程, 是 λ 的一个非线性本征值问题. 这组方程的系数矩阵是

$$
D_x(\lambda)=\begin{bmatrix} P_1+F_1,\ G_1,\ 0,\ \cdots\cdots\cdots\cdots\cdots\cdots \\ \cdots\cdots\cdots\cdots\cdots\cdots\cdots\cdots\cdots\cdots\cdots\cdots \\ \cdots 0,\ G_{j-1}^T,\ \boxed{H_{j-1}+F_j},\ G_j,\ 0\cdots\cdots \\ \cdots\cdots\cdots\cdots\cdots\cdots\cdots\cdots\cdots\cdots\cdots\cdots \\ \cdots\cdots\cdots\cdots\cdots\cdots 0,\ G_N^T,\ P_{N+1}+H_N \end{bmatrix}, \tag{5.1.25}
$$

式中框出的那个元素 ($H_{j-1}+F_j$) 所在的位置是第 j 行第 j 列. 矩阵 $D_x(\lambda)$ 其实就是原有链式结构的凝聚到对接自由度

$$
x=[x_1^T,x_2^T,\cdots,x_{N+1}^T]^T \tag{5.1.26}
$$

上的凝聚动刚度. 上述计算 F_j, G_j, H_j 的办法实际上是进行凝聚的简便算法.

三项方程的优点有二. 其一是它的系数矩阵 $D_x(\lambda)$ 的数值特性较好. 其二, 更重要的一个优点 (例如见 [7]) 是可以应用 §3.8 介绍的 Wittrick-Williams 的频率计数公式

$$
J(\lambda)=J_m(\lambda)+N[D_x(\lambda)]. \tag{5.1.27}
$$

式中, $J(\lambda)$ 是原链式结构的本征值计数函数, $J_m(\lambda)$ 是约束修改 (即命 $x=0$) 后结构的本征值计数函数, $N[D_x(\lambda)]$ 是矩阵 $D_x(\lambda)$ 的非正本征值数. 这样在应用试算法或迭代法时, 可以知道在某区间内有没有和有多少个本征值.

§ 5.2 迴转对称结构

迴转对称结构在工程上遇见得不少. 各类塔架, 电厂的冷却塔, 叶轮机的转子, 某些空间飞行器, 大型的地面的以及机载的抛物面天线等便是一些典型的例子. 这类结构的特点是存在一个对称轴, 当结构(仅指结构本身, 不管外加的载荷)绕此轴旋转一适当的角度 α 后, 结构又恢复其原来的样子. 符合这一条件的最小的 α 角, 称为迴转对称的周期. 命

$$
N=\frac{2\pi}{\alpha} \tag{5.2.1}
$$

N 必为一整数, 称为迴转对称的阶数.

迴转对称结构又可分成两大类．一类是除了有迴转对称性外还兼有镜象对称性，合称镜象迴转对称性，如图 5.2.1 所示的结构．另一类是只有迴转对称性而无镜象对称性，如图 5.2.2 所示的结构．本节介绍的分析方法适用于这两类结构．

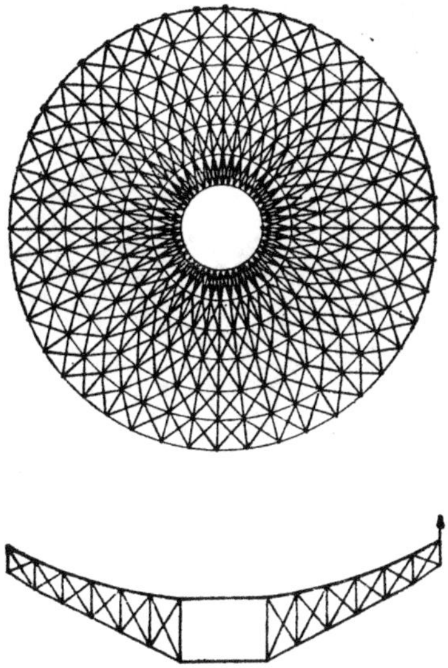

图 5.2.1　镜象迴转对称结构示例

讨论迴转对称结构的静力问题、固有振动问题和强迫振动问题的文献很多，其中不少工作是大同小异的．归纳起来，所用的方法大致可分成三类．第一类是矩阵差分方程法，第二类是循环矩阵法，第三类是群论法．这几种方法的代表性文献可见本章的参考文献．在有关迴转对称结构问题的文献中，这三类方法是等价的，或者改用数学中的专门术语来说，彼此是同构的．相比之下，矩阵差分方程法涉及的数学较少，可能较易理解和应用，因此本节只介绍矩阵差分方程法．群论法是最一般的方法，它能充份利用对称性，能处理另两类方法处理不了的某些其它的对称性．图 5.2.3 画出了一个由 30 根相同杆件组成的刚架．这个刚架类似于一个正 12 面体，具有明显的对称性．但是矩阵差分方程法和循环矩阵

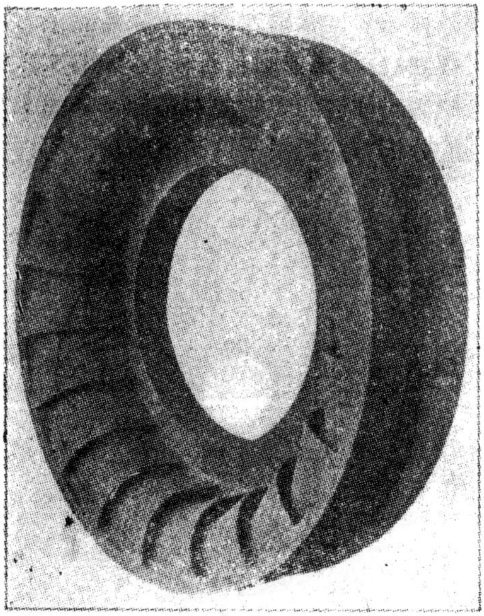

图 5.2.2 仅有迴转对称结构示例

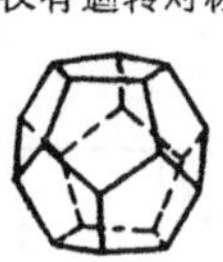

图 5.2.3

法都无法利用这种对称性.

分析迴转对称结构，一般采用圆柱坐标系 (r, θ, z)，并把对称轴取为 z 轴. 结构中某点的位移按 r, θ, z 三个方向分解. 用 N 个半平面

$$\theta=\theta_n=\theta_0+n\alpha,\ n=0, 1, \cdots, (N-1) \qquad (5.2.2)$$

将原结构划分成 N 个相同的子结构. 本节和下节所说的子结构，都是指这样分割得到的子结构. 从原理上说，公式 (5.2.2) 中的 θ_0 可取任意定值，但从实际工作考虑，应该选取计算比较方便的分界面. 例如使分界面的自由度比较少，使子结构的特性比较易于描述等等. 对于兼有镜象对称性的结构，分界面一般都取在对称面上. 这样得到的子结构也会有镜像对称性.

迴转对称结构按上述方式分割后，一般便可以看作是一个闭口的链式结构（一些例外的情况下节再讨论），因而可以采用上节的方法．由于各个子结构都相同，子结构的特性与编号无关．上节的许多公式和方程可得到简化．例如公式(5.1.7)，(5.1.9)，(5.1.13)分别简化为

$$\boldsymbol{y}_j = \boldsymbol{A}\boldsymbol{x}_j + \boldsymbol{B}\boldsymbol{x}_{j+1}, \tag{5.2.3}$$

$$\boldsymbol{p}_j = -\boldsymbol{F}\boldsymbol{x}_j - \boldsymbol{G}\boldsymbol{x}_{j+1}, \tag{5.2.4a}$$

$$\boldsymbol{p}_{j+1} = \boldsymbol{G}^T\boldsymbol{x}_j + \boldsymbol{H}\boldsymbol{x}_{j+1},$$

$$\boldsymbol{T}^j_{j+1} = \boldsymbol{T} = \begin{bmatrix} -\boldsymbol{G}^{-1}\boldsymbol{F}, & -\boldsymbol{G}^{-1} \\ \boldsymbol{G}^T - \boldsymbol{H}\boldsymbol{G}^{-1}\boldsymbol{F}, & -\boldsymbol{H}\boldsymbol{G}^{-1} \end{bmatrix}. \tag{5.2.5}$$

其中 $\boldsymbol{A}, \boldsymbol{B}, \boldsymbol{F}, \boldsymbol{G}, \boldsymbol{H}, \boldsymbol{T}$ 为与编号无关的矩阵．

迴转对称结构的一个最主要的特性是整个结构的问题可以分解成一系列子结构规模的小问题，这个特性最容易从传递矩阵看到．上节已列出了闭口的链式结构的方程(5.1.17)．对于迴转对称的结构，

$$\boldsymbol{T}^1_{N+1} = \boldsymbol{T}\cdot\boldsymbol{T}\cdots\boldsymbol{T} = \boldsymbol{T}^N, \tag{5.2.6}$$

因此方程(5.1.17)简化为

$$(\boldsymbol{T}^N - \boldsymbol{I})\boldsymbol{s}_1 = \boldsymbol{0}, \tag{5.2.7}$$

此方程能作因子分解

$$\prod_{-\frac{N}{2} < n \leqslant \frac{N}{2}} (\boldsymbol{T} - e^{\frac{2n\pi i}{N}}\boldsymbol{I})\boldsymbol{s}_1 = \boldsymbol{0}. \tag{5.2.8}$$

由此可知原问题可分解成如下的 N 个小问题[1]：

$$(\boldsymbol{T} - e^{\frac{2n\pi i}{N}}\boldsymbol{I})\boldsymbol{s}_1 = 0, \quad -\frac{N}{2} < n \leqslant \frac{N}{2}. \tag{5.2.9}$$

相应地各个界面上状态列阵之间有下列简单联系

$$\boldsymbol{s}_2 = e^{\frac{2n\pi i}{N}}\boldsymbol{s}_1,$$

$$\cdots\cdots\cdots\cdots$$

---

1) 与 $n = \pm k$ 相应的两个解互为共轭复数．所以实际作数值计算时只取 $n \geqslant 0$ 便可以了．

$$\boldsymbol{s}_k = e^{\frac{2(k-1)n\pi i}{N}} \boldsymbol{s}_1, \tag{5.2.10}$$

$$\cdots\cdots\cdots\cdots\cdots$$

如果原结构兼有镜象对称性，那末绝对值相等的两个 n 给出相同的本征值和有简单联系的本征列阵．这样N个小问题中只有一半(当N为偶数时)或一半多一点(当N为奇数时)是独立的．

传递矩阵法虽然在推导基本特性 (5.2.10) 时比较方便，但在作数值计算时常常不及三项方程．对于迴转对称的结构，系数矩阵与子结构的编号无关，方程 (5.1.20) 简化为

$$\boldsymbol{G}^T\boldsymbol{x}_{j-1} + (\boldsymbol{H} + \boldsymbol{F})\boldsymbol{x}_j + \boldsymbol{G}\boldsymbol{x}_{j+1} = \boldsymbol{0}, \quad j = 1, 2, \cdots, N. \tag{5.2.11}$$

状态列阵的变化既然遵守规律 (5.2.10)，界面坐标列阵的变化必然遵守相同的规律

$$\boldsymbol{x}_{j-1} = e^{-\frac{2n\pi i}{N}} \boldsymbol{x}_j, \quad \boldsymbol{x}_{j+1} = e^{\frac{2n\pi i}{N}} \boldsymbol{x}_j. \tag{5.2.12}$$

将此代入 (5.2.11)，得到

$$\begin{gathered}\left(e^{-\frac{2n\pi i}{N}} \boldsymbol{G}^T + \boldsymbol{H} + \boldsymbol{F} + e^{\frac{2n\pi i}{N}} \boldsymbol{G}\right)\boldsymbol{x}_j = \boldsymbol{0}, \\ -\frac{N}{2} < n \leqslant \frac{N}{2}.\end{gathered} \tag{5.2.13}$$

此式定义了一个非线性本征值问题，由此可解出本征值 λ 和相应的 $\boldsymbol{x}_j$，然后可根据公式 (5.2.12) 依次求出其它各个界面上的位移列阵．

在某些问题中，计算系数矩阵 $\boldsymbol{F}$, $\boldsymbol{G}$, $\boldsymbol{H}$ 和解算非线性本征值问题可能比较麻烦，这时可把问题 (5.2.13) 化为一个子结构的线性本征值问题．设想从原结构中取出一个子结构，例如第 j 个子结构．我们已经知道了

$$\boldsymbol{x}_{j+1} = e^{\frac{2n\pi i}{N}} \boldsymbol{x}_j. \tag{5.2.14}$$

这样 $\boldsymbol{x}_j$ 和 $\boldsymbol{x}_{j+1}$ 可以用它们的几何平均值 $\bar{\boldsymbol{x}}_j$ 表示如下：

$$\boldsymbol{x}_j = e^{-\frac{n\pi i}{N}} \bar{\boldsymbol{x}}_j, \quad \boldsymbol{x}_{j+1} = e^{\frac{n\pi i}{N}} \bar{\boldsymbol{x}}_j. \tag{5.2.15}$$

根据这个关系我们就能够在子结构的层次上建立起线性本征值问

题. 第 j 个子结构的应变能 Π_j 和动能系数 T_j 本来是 $\boldsymbol{x}_j, \boldsymbol{y}_j, \boldsymbol{x}_{j+1}$ 的二次齐次函数

$$\Pi_j = \frac{1}{2}\begin{bmatrix} \boldsymbol{x}_j \\ \boldsymbol{y}_j \\ \boldsymbol{x}_{j+1} \end{bmatrix}^T \begin{bmatrix} \boldsymbol{K}_{11}, & \boldsymbol{K}_{12}, & \boldsymbol{K}_{13} \\ \boldsymbol{K}_{21}, & \boldsymbol{K}_{22}, & \boldsymbol{K}_{23} \\ \boldsymbol{K}_{31}, & \boldsymbol{K}_{32}, & \boldsymbol{K}_{33} \end{bmatrix} \begin{bmatrix} \boldsymbol{x}_j \\ \boldsymbol{y}_j \\ \boldsymbol{x}_{j+1} \end{bmatrix}, \quad (5.2.16a)$$

$$T_j = \frac{1}{2}\begin{bmatrix} \boldsymbol{x}_j \\ \boldsymbol{y}_j \\ \boldsymbol{x}_{j+1} \end{bmatrix}^T \begin{bmatrix} \boldsymbol{M}_{11}, & \boldsymbol{M}_{12}, & \boldsymbol{M}_{13} \\ \boldsymbol{M}_{21}, & \boldsymbol{M}_{22}, & \boldsymbol{M}_{23} \\ \boldsymbol{M}_{31}, & \boldsymbol{M}_{32}, & \boldsymbol{M}_{33} \end{bmatrix} \begin{bmatrix} \boldsymbol{x}_j \\ \boldsymbol{y}_j \\ \boldsymbol{x}_{j+1} \end{bmatrix}. \quad (5.2.16b)$$

将 (5.2.15) 代入上式,得到

$$\Pi_j = \frac{1}{2}\begin{bmatrix} \bar{\boldsymbol{x}}_j \\ \boldsymbol{y}_j \end{bmatrix}^T \begin{bmatrix} \boldsymbol{K}_{11}^n, & \boldsymbol{K}_{12}^n \\ \boldsymbol{K}_{21}^n, & \boldsymbol{K}_{22}^n \end{bmatrix} \begin{bmatrix} \bar{\boldsymbol{x}}_j \\ \boldsymbol{y}_j \end{bmatrix}, \quad (5.2.17a)$$

$$T_j = \frac{1}{2}\begin{bmatrix} \bar{\boldsymbol{x}}_j \\ \boldsymbol{y}_j \end{bmatrix}^T \begin{bmatrix} \boldsymbol{M}_{11}^n, & \boldsymbol{M}_{12}^n \\ \boldsymbol{M}_{21}^n, & \boldsymbol{M}_{22}^n \end{bmatrix} \begin{bmatrix} \bar{\boldsymbol{x}}_j \\ \boldsymbol{y}_j \end{bmatrix}. \quad (5.2.17b)$$

其中

$$\left.\begin{aligned} &\boldsymbol{K}_{11}^n = e^{-\frac{2n\pi i}{N}}\boldsymbol{K}_{11} + \boldsymbol{K}_{13} + \boldsymbol{K}_{31} + e^{\frac{2n\pi i}{N}}\boldsymbol{K}_{33}, \\ &\boldsymbol{K}_{12}^n = (\boldsymbol{K}_{21}^n)^* = e^{-\frac{n\pi i}{N}}\boldsymbol{K}_{12} + e^{\frac{n\pi i}{N}}\boldsymbol{K}_{32}, \\ &\boldsymbol{K}_{22}^n = \boldsymbol{K}_{22} \end{aligned}\right\} \quad (5.2.18a)$$

$$\left.\begin{aligned} &\boldsymbol{M}_{11}^n = e^{-\frac{2n\pi i}{N}}\boldsymbol{M}_{11} + \boldsymbol{M}_{13} + \boldsymbol{M}_{31} + e^{\frac{2n\pi i}{N}}\boldsymbol{M}_{33}, \\ &\boldsymbol{M}_{12}^n = (\boldsymbol{M}_{21}^n)^* = e^{-\frac{n\pi i}{N}}\boldsymbol{M}_{12} + e^{\frac{n\pi i}{N}}\boldsymbol{M}_{32}, \\ &\boldsymbol{M}_{22}^n = \boldsymbol{M}_{22}. \end{aligned}\right\} \quad (5.2.18b)$$

式中矩阵右上角的 * 号是指该矩阵的共轭转置.根据公式(5.2.17)即可列出线性本征值问题

$$\begin{bmatrix} \boldsymbol{K}_{11}^n - \lambda\boldsymbol{M}_{11}^n, & \boldsymbol{K}_{12}^n - \lambda\boldsymbol{M}_{12}^n \\ \boldsymbol{K}_{21}^n - \lambda\boldsymbol{M}_{21}^n, & \boldsymbol{K}_{22}^n - \lambda\boldsymbol{M}_{22}^n \end{bmatrix} \begin{bmatrix} \bar{\boldsymbol{x}}_j \\ \boldsymbol{y}_j \end{bmatrix} = \boldsymbol{0}. \quad (5.2.19)$$

它与非线性本征值问题是等价的.

§ 5.3 子结构有刚性联系的迴转对称结构

先来考虑几个例子. 图 5.3.1 示一迴转对称的平面正六边形

刚架．当 $A_1A_2\cdots A_6$ 和 $B_1B_2\cdots B_6$ 都为弹性杆时，可以用上节的办法求解．当其中有一个框架（例如 $B_1B_2\cdots B_6$）为刚性时，这便是子结构间有刚性联系的一个迴转对称结构．这时 B_1，B_2，$\cdots$，B_6 六个节点的位移和转角是不独立的．图5.3.2 所示的刚架，有一

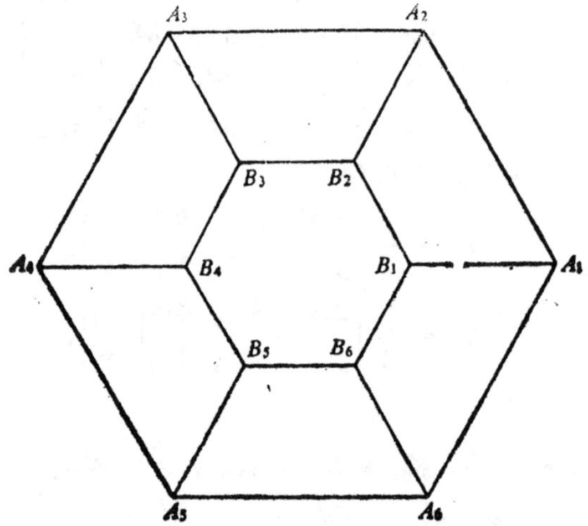

图 5.3.1

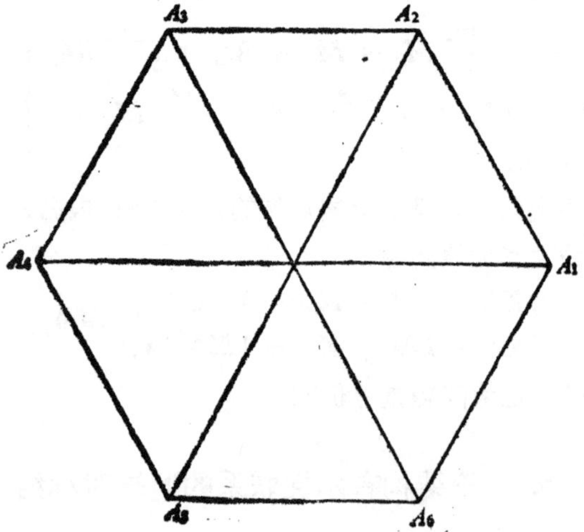

图 5.3.2

个结点 B 在对称轴上．把此结构分割成六个子结构后，对称轴上的一点 B 变成了六个结点 $B_1, B_2, \cdots, B_6$，这六个结点的位移和转角显然是不独立的．图 5.3.2 所示的结构可以看作是图 5.3.1 所示的结构在 $B_1, B_2, \cdots, B_6$ 趋于一点时的极限情况．

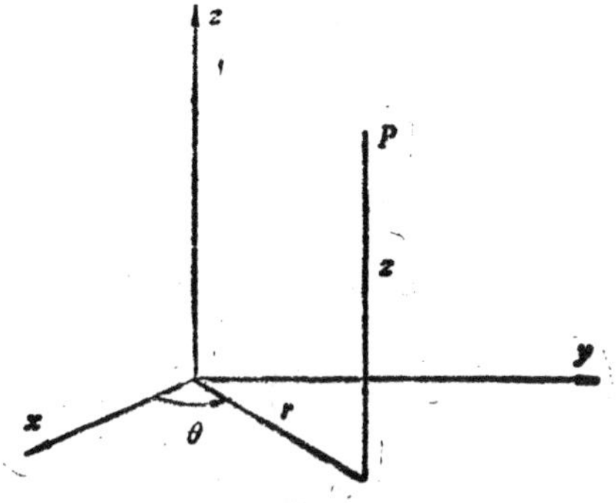

图 5.3.3

现在来考虑一般的情况，在迴转对称的结构中有一个迴转对称的刚体．设这个刚体在 x, y, z 坐标系中的位移和转角为

$$u_x, u_y, u_z, \omega_x, \omega_y, \omega_z.$$

命刚体上任一点 $P(r, \theta, z)$ 的位移和转角在圆柱坐标系中的分量为

$$v_r, v_\theta, v_z, \omega_r, \omega_\theta, \omega_z.$$

参考图 5.3.3 可得到

$$\begin{aligned} v_r &= (u_x + z\omega_y)\cos\theta + (u_y - z\omega_x)\sin\theta, \\ v_\theta &= (u_y + z\omega_x)\cos\theta - (u_x + z\omega_y)\sin\theta + r\omega_z, \\ v_z &= -r\omega_y\cos\theta + r\omega_x\sin\theta + u_z, \\ \omega_r &= \omega_x\cos\theta + \omega_y\sin\theta, \\ \omega_\theta &= \omega_y\cos\theta - \omega_x\sin\theta, \\ \omega_z &= \omega_z. \end{aligned} \tag{5.3.1}$$

将三角函数代以

$$\cos\theta = \frac{1}{2}(e^{\theta i} + e^{-\theta i}), \quad \sin\theta = \frac{1}{2i}(e^{\theta i} - e^{-\theta i}),$$

得到

$$v_r = \left[\frac{1}{2}(u_x + z\omega_y) + \frac{1}{2i}(u_y - z\omega_x)\right]e^{\theta i}$$

$$+ \left[\frac{1}{2}(u_x + z\omega_y) - \frac{1}{2i}(u_y - z\omega_x)\right]e^{-\theta i},$$

$$v_\theta = \left[\frac{1}{2}(u_y - z\omega_x) - \frac{1}{2i}(u_x + z\omega_y)\right]e^{\theta i}$$

$$+ \left[\frac{1}{2}(u_y - z\omega_x) + \frac{1}{2i}(u_x + z\omega_y)\right]e^{-\theta i} + r\omega_z,$$

$$v_z = \left(-\frac{1}{2}r\omega_y + \frac{1}{2i}r\omega_x\right)e^{\theta i} \tag{5.3.2}$$

$$-\left(\frac{1}{2}r\omega_y + \frac{1}{2i}r\omega_x\right)e^{-\theta i} + u_z,$$

$$\omega_r = \left(\frac{1}{2}\omega_x + \frac{1}{2i}\omega_y\right)e^{\theta i} + \left(\frac{1}{2}\omega_x - \frac{1}{2i}\omega_y\right)e^{-\theta i},$$

$$\omega_\theta = \left(\frac{1}{2}\omega_y - \frac{1}{2i}\omega_x\right)e^{\theta i} + \left(\frac{1}{2}\omega_y + \frac{1}{2i}\omega_x\right)e^{-\theta i},$$

$$\omega_z = \omega_z.$$

各个子结构中的同位点(即对应点)的 r, z 两个坐标相等，只有 θ 坐标不等．公式 (5.3.1) 和 (5.3.2) 给出了具有刚性联系的同位点的位移和转角随角度 θ 而变化的规律．

上节已证明了，当迴转对称结构作固有振动时，各个界面上的状态必满足关系式 (5.2.10)，因而界面位移列阵必满足同类的关系

$$\boldsymbol{x}_2 = e^{\frac{2n\pi i}{N}}\boldsymbol{x}_1,$$

$$\cdots\cdots\cdots\cdots$$

$$\boldsymbol{x}_k = e^{\frac{2(k-1)\pi i}{N}}\boldsymbol{x}_1, \quad \frac{N}{2} < n \leqslant \frac{N}{2}. \tag{5.3.3}$$

$$\cdots\cdots\cdots\cdots\cdots$$

在推导这个关系式时只用到对称性，并不涉及结构中各个零件的刚性的大小．所以当结构中有几个零件为刚体时公式 (5.3.3) 依

旧成立．公式 (5.3.2) 和 (5.3.3) 都给出了界面上同位点的位移和转角随 θ 而变化的规律．两者显然应该是协调的．

当结构的振动相应于 $n=0$ 时，公式 (5.3.2) 和 (5.3.3) 的一致性要求

$$u_x=u_y=0,\ \omega_x=\omega_y=0, \tag{5.3.4a}$$

$$v_r=0,\ v_\theta=r\omega_z,\ \omega_r=\omega_\theta=0. \tag{5.3.4b}$$

这就是说在 $n=0$ 的情况下，这个迴转对称的刚体只可能有沿 z 轴方向的平移和绕 z 轴的转动这样两个自由度．当结构兼有镜象对称性时，这两个自由度不耦合．

当结构的振动相应于 $n=1$ 时，公式(5.3.2)和(5.3.3)的一致性要求

$$u_x+iu_y=u_z=0,\ \omega_x+i\omega_y=\omega_z=0, \tag{5.3.5a}$$

$$v_\theta=iv_r,\ v_z=-r\omega_\theta,\ \omega_\theta=i\omega_r,\ \omega_z=0. \tag{5.3.5b}$$

在这种情况下，迴转对称的刚体虽然可有两个方向的平移和绕两个轴的转动，但从独立的自由度来看，平移和转动都只各有一个自由度．

当结构的振动相应于 $n=-1$ 时，公式 (5.3.2) 和 (5.3.3) 的一致性要求

$$u_x-iu_y=u_z=0,\ \omega_x-i\omega_y=\omega_z=0, \tag{5.3.6a}$$

$$v_\theta=-iv_r,\ v_z=-r\omega_\theta,\ \omega_\theta=-i\omega_r,\ \omega_z=0. \tag{5.3.6b}$$

这相当于把公式 (5.3.5) 中的 i 改为 $(-i)$.

当结构的振动相应于 $|n|\geqslant 2$ 时，公式 (5.3.2) 和 (5.3.3) 的一致性要求

$$u_x=u_y=u_z=0,\ \omega_x=\omega_y=\omega_z=0, \tag{5.3.7a}$$

$$v_r=v_\theta=v_z=0,\ \omega_r=\omega_\theta=\omega_z=0. \tag{5.3.7b}$$

此式表明在这种情况下迴转对称的刚体固定不动，相当于一个刚性支座．

综上所述可见，在这类问题中，在计算子结构的特性时需要区别 $n=0$, $n=\pm1$, $|n|\geqslant 2$ 等四种情况．在实际计算工作中，我们不妨先设想将迴转对称的一个刚体按子结构的分割方式分割成 N 块，每个子结构得一块．暂时假设这 N 块刚体彼此无联系，我们

来计算子结构的刚度矩阵和质量矩阵. 然后再对 $n=0, n=\pm 1, |n| \geqslant 2$ 等四种情况分别按关系式 (5.3.4)～(5.3.7) 减缩掉不独立的自由度. 这样便可得到在各种情况下实际所需的子结构的刚度矩阵和质量矩阵, 一旦求得了这四个矩阵, 接下去的做法便与上节相同了. 这里不再赘述.

参 考 文 献

§5.1

[1] 叶逢培, 矩阵初参数法在航空结构静动分析中的一些应用, 北京航空学院科学研究论文选, BH-A1, 1962 年, 10 月.

[2] 诸德超, 应用矩阵初参数法求解小展弦比机翼的静力和振动问题, 北京航空学院科学研究报告, BH—B72, 1964 年, 1 月.

[3] Koloušek, V., Dynamics of Fngineering Structures, Butterworths, 1973. (有中译本, 柯劳塞克著, 刘光栋译, 工程结构动力学, 人民交通出版社, 1980 年.)

[4]* Lin, Y. K. and McDaniel, T. J., Dynamics of Beam-Like Periodic Structures, *Journal of Engineering for Industry,* v. 91, n. 4, p. 1133, 1969.

[5]* McDaniel, T. J. and Eversole, K. B., A Combined Finite Element-Transfer Matrix Structural Analysis Method, *Journal of Sound and Vibration,* v. 51, n. 2, p. 157, 1977.

[6] Pestel, E. C. and Leckie, F. A., Matrix Methods in Elastomechanics, 1963.

[7] Williams, F. W. Natural Frequencies of Repetitive Structures, *Quarterly Journal of Mechanics and Applied Mathematics,* v. 24, n. 3, p. 285, 1971.

[8] Wilson, W. K., Practical Solution of Torsional Vibration Problems, 5 vols. third edition, 1956—1969, Chaoman & Hall.

§5.2, §5.3

[1]* 蔡承武和吴福光, 旋转周期结构的振动问题, 中国造船工程学会第三届船舶振动与噪声交流会论文集, 第 75 页, 1983 年.

[2]* 贺大拙, 用离散傅氏级数解廻转对称空间结构, 强度与环境, 1980 年, 第 1 期, 第 1 页.

[3]* 贺大拙, 具有离散边界结点的旋转体子结构处理, 固体力学学报, 1981 年, 第 4 期, 第 468 页.

[4]* 贺大拙, 廻转周期结构的离散傅里叶级数解, 固体力学学报, 1982 年, 第 3 期, 第 449 页.

[5]* 梁国平和邵秀民, 循环矩阵及其在结构计算中的应用 (II), 计算数学, 1981 年, 3 期, 第 255 页.

[6]* 裘春航, 多单元广义对称结构分析, 大连工学院学报, 1980 年, 19 卷, 第 4 期, 第 27 页.

[7]* 武际可和邵秀民, 循环矩阵及其在结构计算中的应用, 计算数学, 1979 年, 第 2 期, 第 144 页.

[8]* 张锦，王文亮和陈向钧，带有N条叶片的轮盘耦合系统的主模态分析——C_{Nv}群上对称结构的模态分析，固体力学学报，1984 年，第 4 期，第 469 页。

[9]* 郑效忠，包刚和孙树勋，Application of Group Theory to Vibrational Analysis of Shell Structure with Space Rotation Symmetry，国际有限元会议论文集，第 669 页，1982 年，科学出版社.

[10]* 钟万勰，程耿东和裘春航，群论在结构分析中的应用，力学学报，1978 年，第 4 期，第 251 页.

[11]* 钟万勰和裘春航，在 C_{Nv} 群上对称的壳体结构分析，大连工学院学报，1978 年，第 3 期，第 1 页.

[12]* 钟万勰和裘春航，部份对称结构的分析理论，力学学报，1981 年，第 4 期，第 387 页.

[13]* Denke, P. H. and Eide, G. R., Matrix Difference Equation Analysis of Vibrating Circumferentially Periodic Structures, *Journal of Spacecraft and Rockets*, v. 18, n. 1, p. 95, 1981.

[14]* Denke, P. H., Eide, G. R. and Pikard, J., Matrix Difference Equation Analysis of Vibrating Periodic Structures, *AIAA Journal*, v. 13, n. 2, p. 160, 1975.

[15]* Evensen, D. A., Vibration Analysis of Multi-Symmetric Structures, *AIAA Journal*, v. 14, n. 4, p. 446, 1976.

[16]* Koloušec, V., Dynamics of Enginnering Structures, Butter worths, 1973(有中译本，柯劳塞克著，刘光栋译，工程结构动力学. 人民交通出版社，1980 年.)

[17]* Leung, A. Y.-T., Dynamic Analysis of Periodic Structures, *Journal of Sound and Vibration*, v. 72, n. 4, p. 451, 1980.

[18]* McDaniel, T. J., Dynamics of Circular Periodic Structures, *Journal of Aircraft*, v. 8, n. 3, p. 143, 1971.

[19]* McDaniel, T. J. and Carroll, M. J., Dynamics of Bi-periodic Structures, *Journal of Sound and Vibration*, v. 81, n. 3, p. 311, 1982.

[20]* McDaniel, T. J. and Chang, K. J., Dynamics of Rotationally Periodic Large Space Structures, *Journal of Sound and Vibration*, v. 68, n. 3, p. 351, 1980.

[21]* Mevlin, M. A. and Edwards, S., Jr., Group Theory of Vibrations of Symmetric Molecules, Membrances and Plates, *Journal of the Acoustic Society of America*, v. 28, n. 2, p. 201, 1956.

[22]* Sen Gupta, G., Vibration of Periodic Structures, *Shock and Vibration Digest*, v. 12, n. 3, p. 17, 1980.

[23]* Singh, M. C. and Mihra, A. K., Symmetric Network Analysis by Group Representation Theory, *Journal of Sound and Vibration*, v. 24, n. 3, p. 297, 1972.

[24]* Thomas, D. L., Standing Waves in Rotationally Periodic Structures, *Journal of Sound and Vibration*, v. 37, n. 2, p. 288, 1974.

[25]* Thomas, D. L., Dynamics of Rotationary Periodic Structures, *International Journal for Numerical Methods in Engineering*, v. 14, n. 1, p. 81, 1979.

[26]* Whiston, G. S., Use of Screw-translational Symmetry for the Vibration Analysis of Structures, *International Journal for Numerical Methods in Engineering*, v. 18, n. 3, p. 435, 1982.

[27]* Wigner, E., The Elastic Characteristic Vibrations of Symmetrical Systems, *Nachrichten Gesellschaften Wissenschaften*, Gottingen, p. 133, 1930.